彩图 21　椒盐饼

彩图 22　白皮酥

彩图 23　菊花饼

彩图 24　佛手酥

彩图 25　兰花酥

彩图 26　酥饺

彩图 27　葫芦酥

彩图 28　苹果酥

彩图 29　杏仁酥

彩图 30　五仁月饼

彩图 31　莲子血糯饭

彩图 33　元宵

彩图 32　蜜枣粽子

彩图 34　双酿团

彩图 35　玫瑰莲子猪油松糕

彩图 36　枣泥拉糕

彩图 37　糯米芝麻凉糕

彩图 38　玉米饼

彩图 39　麻团

彩图 40　玉米发糕

彩图 1　水饺

彩图 2　馄饨生坯

彩图 3　搅面馅饼

彩图 4　盘丝饼

彩图 5　小油饼

彩图 6　韭菜盒子

彩图 8　四喜蒸饺

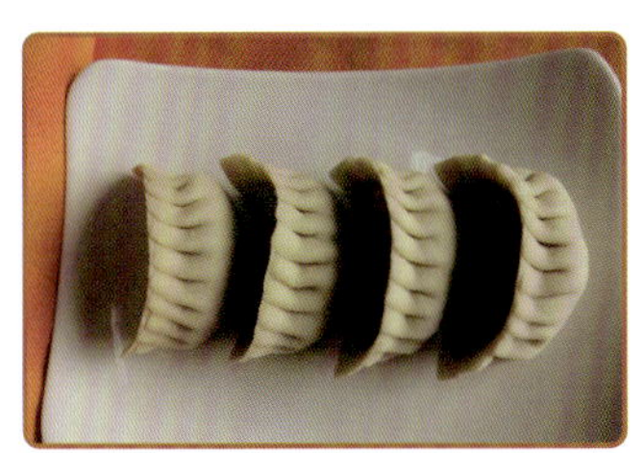

彩图 7　月牙蒸饺

彩图 9　烧卖

彩图 10　合饼

彩图 11　馒头

彩图 12　花卷

彩图 13　鲜肉包子

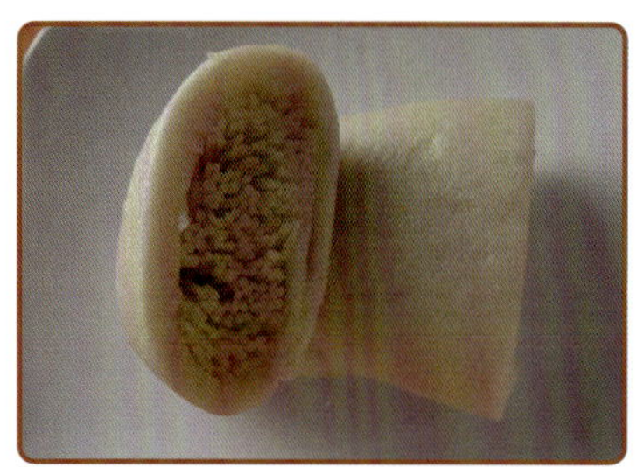
彩图 14　银丝卷

彩图 15　发面糖饼

彩图 16　清蛋糕

彩图 17　奶油泡芙

彩图 18　香蕉酥

彩图 19　桃酥

彩图 20　油条

彩图 41　水晶虾饺

彩图 42　水晶烧卖

彩图 43　水晶冠顶饺

彩图 44　梅花饺

彩图 45　金鱼饺

彩图 46　莲蓉白鹅

彩图 47　象形玉兔

彩图 48　象形雪梨

彩图 49　脆炸红薯球

彩图 50　藕粉圆子

彩图 51　黄油曲奇饼干

彩图 52　花生曲奇饼干

彩图 53　玛格丽特饼干

彩图 54　蔓越莓饼干

彩图 55　戚风蛋糕

彩图 56　重油蛋糕

彩图 57　虎皮蛋糕卷

彩图 58　轻乳酪蛋糕

彩图 59　甜圆面包

彩图 60　甜甜圈

彩图 61　全麦吐司

彩图 62　牛角包

彩图 63　焦糖布丁

彩图 64　闪电泡芙

彩图 65　清酥蛋挞

彩图 66　培根比萨

职业教育“十四五”规划烹饪专业系列教材

面点工艺实训教程

（第2版）

主　编　王成贵　张　佳

副主编　杜金平　葛小琴

吴洪军　刘东红

参　编　杨　敏　冯　南　陈一帆

中国财富出版社有限公司

图书在版编目（CIP）数据

面点工艺实训教程 / 王成贵，张佳主编 . — 2 版 . — 北京 : 中国财富出版社有限公司，2023.6

（职业教育“十四五”规划烹饪专业系列教材）

ISBN 978-7-5047-7947-2

Ⅰ . ①面…　Ⅱ . ①王…②张…　Ⅲ . ①面食—制作—职业教育—教材　Ⅳ . ① TS972.132

中国国家版本馆 CIP 数据核字（2023）第 102831 号

策划编辑　谷秀莉　　**责任编辑**　邢有涛　郭怡君　　**版权编辑**　李　洋
责任印制　尚立业　　**责任校对**　杨小静　　**责任发行**　杨　江

出版发行　中国财富出版社有限公司
社　　址　北京市丰台区南四环西路 188 号 5 区 20 楼　　**邮政编码**　100070
电　　话　010-52227588 转 2098（发行部）　　010-52227588 转 321（总编室）
　　　　　010-52227566（24 小时读者服务）　　010-52227588 转 305（质检部）
网　　址　http：//www.cfpress.com.cn　　**排　　版**　宝蕾元
经　　销　新华书店　　**印　　刷**　宝蕾元仁浩（天津）印刷有限公司
书　　号　ISBN 978-7-5047-7947-2/TS · 0121
开　　本　787mm × 1092mm　1/16　　**版　　次**　2023 年 7 月第 2 版
印　　张　17.5　　**彩　　插**　0.5　　**印　　次**　2023 年 7 月第 1 次印刷
字　　数　384 千字　　**定　　价**　49.00 元

职业教育“十四五”规划烹饪专业系列教材

编写委员会

前言

以党的二十大报告为引领，高举中国特色社会主义伟大旗帜，坚持社会主义办学方向，贯彻国家的教育方针，坚持立德树人，德技并修，坚持产教融合、校企合作，坚持面向市场、促进就业，坚持面向实践、强化能力，坚持面向人人、因材施教。以培养学生的职业能力为导向，加强烹饪示范专业及精品课程建设，促进中等职业教育的快速发展，提高烹饪专业人才的技能水平，对接职业标准和岗位规范，优化课程结构，特编写此书。

面点工艺实训课程是中等职业学校面点专业的主干课程。本书以面团属性为编写主线，分为面点实训基础知识、馅心原料、水调面团制品、膨松面团制品、油酥面团制品、米及米粉制品、澄粉及其他面团制品、西式面点制品、宴席面点的配备与美化九个项目，二十四个学习任务，七十七个实训案例；以学习目标、项目导读、实训案例、技能延伸、知识链接、项目小结、项目测试为编写框架。本书以培养学生能力为目标，注重基础，强调技能。通过对书中实训案例与理论知识的学习，学生能够自主解决实训过程中出现的问题。本书学习目标明确，编写形式新颖，有利于课程教学改革，有利于提高学生的职业综合素质。

本书由长春市商贸旅游技术学校高级讲师王成贵、张佳担任主编；长春市商贸旅游技术学校高级讲师杜金平，常州工业职业技术学院高级讲师葛小琴，榆树市职业技术教育中心高级讲师吴洪军、刘东红担任副主编；长春市商贸旅游技术学校杨敏、冯南和常州工业职业技术学院陈一帆参与编写，全书由王成贵总纂定稿。

本书在编写过程中查阅了大量的相关资料，并得到了有关部门和学校领导的大力支持，在此一并表示感谢。

由于编写时间仓促，加之编者水平有限，书中尚有疏漏和不妥之处，敬请广大专家及同行不吝赐教，以便再版时修订完善。

编　者

2022年6月

目 录

项目一　面点实训基础知识

学　习　目　标

- **方法能力目标**

  理解面点的含义，熟悉面点的流派。

- **专业能力目标**

  了解各种工具及设备的性能及使用方法，熟悉制作面点的各种原料及作用。

- **社会能力目标**

  掌握面点在餐饮业中的地位和作用，以便更好地学习和应用面点技能。

项　目　导　读

我国具有悠久的历史和灿烂的文化。中国烹饪历史悠久、内涵丰富，是我国灿烂文化遗产的重要组成部分。面点是中国烹饪的组成部分。经过长期的发展，在历代面点师的不断实践和广泛交流中，中国面点具备了口味醇美、工艺精湛的特点。中国面点品种丰富，在国内外享有很高的盛誉。随着社会的发展，人们生活水平不断提高，面点在人们日常生活中越来越重要。人们在继承和整理传统面点工艺的基础上，不断融入新的原料、新的技术，逐渐使面点制作工艺理论化、科学化、系统化，并成为一门专业技术学科。

任务一　面点基础知识

- 了解面点的概念
- 了解面点的形成和发展
- 了解面点的地位和作用
- 了解中式面点的流派及其特点

一、面点的概念

面点是“面食”和“点心”的总称，包括用以米和杂粮等为主料制成的面粉制作的米面制品。具体来说，面点是以各种面粉为主料，配以多种调味品和馅料等，加工而成的色、香、味、形、质俱佳的面食、点心和小吃。

二、面点的形成和发展

面点制作是构成中国烹饪体系的两大部分之一。中国面点制作具有悠久的历史，邱庞同在《中国面点史》中指出，中国面点的萌芽时期在6000年前左右，“历原始公社、夏朝而至商周，我国有文字记载的面点品种逐步增多，主要有糗、饵、餐……”，大约在战国时期，小麦面粉及旋转石磨的出现为面点的迅速发展奠定了基础。先秦时期，随着农业及谷物加工技术的发展，出现了较多的面点品种，如“饵”，根据郑玄的注解，将其解释为“合蒸为饵”，即蒸成的米粉制品被称为“饵”。战国时，人们为了祭祀、悼念屈原，将用芦苇包的“黍角”（大家熟悉的粽子）投入江中，说明当时面点制作技术已达到一定水平。到了汉代，面点制作技术有了进一步的发展，并出现了“饼”的名称。许慎《说文》对“饼”字这样解释：“饼，必郢切以粉及面为薄饵也。”饵是糕饵或饼饵的总称。北魏贾思勰所著《齐民要术》中记载：“起面也，发酵使面轻高浮起，炊之为饼。”这说明当时我国已经能利用发酵技术，这是面点发展史上的一大突破。

到了唐代，由于社会生产力的发展，面点已成为商品，长安出现了专业作坊和

“饼师”。由于面点制作者的专业化，面点制作技术有了很大的发展，做出的面点已达到“饼可映字，面可穿带”的水平。唐代大诗人白居易诗曰：“胡麻饼样学京都，面脆油香新出炉。”十分形象地描述了当时胡麻饼出炉时的面脆油香之情境。宋代文人吴曾在《能改斋漫录》中提到：“世俗例，以早晨小食为点心，自唐时已有此语。”可见唐代时，民间食用点心已经较为普遍。到了宋代，设有“茶肆”后，面点的花色品种更多。《东京梦华录》中记载：“凡饼店，有油饼店，有胡饼店。若油饼店，即卖蒸饼糖饼，装合引盘之类。胡饼店，即卖门油菊花、宽焦侧厚、油砣髓饼、新样满麻。每案用三五人，捍剂卓花入炉。自五更，卓案之声远近相闻。”这段文字列举了许多我们目前无法考证的面点名称，但从其描述中可看出当时门店的规模与现在供应早餐的点心店、面食馆的规模已基本相同。还有，宋代诗人苏东坡有诗曰：“小饼如嚼月，中有酥与饴。”说明当时在面点制作上已采用油酥分层和饴糖增色等工艺。我们把这一时期称为我国面点制作的发展时期。

明、清时期在原有的基础上把面点制作技术推向了新的高度。南北交流、满汉交流，使面点的品种更加丰富多彩。由于清代距今历史不长，许多面点制作技术得以继承下来。如京式的龙须面、“都一处”烧卖、京八件、豌豆黄、萨其马等；苏式的三丁包子、翡翠烧卖、淮安汤包、千层油糕、花色船点等；广式的娥姐粉果、佛山盲公饼、油煎堆等。清代还出现了以面点为主的宴席。传说清嘉庆年间光禄寺做的一桌面点宴席，其用面量竟达60千克，可见其品种之多、内容之丰富和规模之盛大。面点的有关著作也颇为丰富，有《食宪鸿秘》《养小录》《随园食单》《饧园录》《调鼎集》等。1840年鸦片战争以后，西方点心制作技术大量传入我国，对我国面点制作技术产生了较大影响，特别是沿海地区，传统的面点中增添了新的原料、新的技术。我们把这一时期称为我国面点制作的繁盛时期。

中华人民共和国成立后，在党和政府的关怀下，各地面点师在继承传统技艺的基础上，对面点制作技术不断进行总结、交流和创新，此时的面点原料、制作设备得到不断开发，完全的手工操作正在被半机械化、半自动化生产方式所取代。各地的产品特色也得到广泛交流，南、北方不同的饮食习惯开始融合，南点北传、北点南移，极大地丰富了面点品种，出现了大批南北风味结合、中西风味结合面点。在面点供应的规模和层次上，也由低档次的零售，发展到中、高档次的专门点心宴会等，适应了人们不断增长的饮食需求。

三、面点的地位和作用

（一）面点是饮食业的重要组成部分

中式烹饪在生产经营上主要包括两个方面的内容，一是菜肴烹调，行业俗称“红案”；二是面点制作，行业俗称“白案”。二者既有区别，又密切联系、相互配合，共同组成餐饮业这个整体。面点制作除了常与菜肴烹调密切配合，还具有相对的独立性，它可以离开菜肴烹调而独立存在。

（二）面点是人们不可缺少的重要食品

面点不仅具有较高的营养价值，而且物美价廉、食用方便，既可以在正餐前后作为茶点，又能作为主食，是人们生活中不可缺少的重要食品。

（三）面点是活跃市场、丰富人们生活的消费品

面点不仅可以作为早点，也可以与菜肴配套为宴席增色，还可以作为喜庆佳节馈赠亲友的礼品。许多面点、小吃还与民间传说有关，例如新春的年糕、元宵节的汤圆、清明节的青团、端午节的粽子、中秋节的月饼、重阳节的重阳糕等。可见，面点不仅丰富了人们的饮食需要，而且丰富了人们的精神生活。

四、中式面点的流派及其特点

我国面点在原料、口味、制作技艺等方面形成了不同的风格和流派。目前，人们常把面点分为南味和北味两大风味，在此基础上又分为京式、苏式、广式和川式四大流派。

（一）京式面点的风味特色及代表品种

京式面点泛指黄河流域以及黄河以北的部分地区所制作的面点，以北京为代表，故称京式面点。

1. 京式面点的风味特色

（1）用料广、以麦面为主。

（2）品种多。

（3）制作精细。

（4）馅心具有北方风味。

2. 京式面点的代表品种

京式面点中富有代表性的品种有龙须面、银丝卷、三杖饼、一品烧饼、麻酱烧饼、酥盒子、萨其马、艾窝窝等。

（二）苏式面点的风味特色及代表品种

苏式面点泛指长江中下游江、浙、沪地区所制作的面点，以江苏为代表，故称苏式面点。

1. 苏式面点的风味特色

（1）品种繁多。

（2）制作精细、讲究造型。

（3）应时迭出。

（4）馅心掺冻、汁多肥嫩、味道鲜美。

2. 苏式面点的代表品种

苏式面点中富有代表性的品种有三丁包子、翡翠烧卖、千层油糕、文楼汤包、黄桥烧饼、花式船点、南翔小笼包、生煎馒头、汤圆等。

（三）广式面点的风味特色及代表品种

广式面点泛指珠江流域及南部沿海地区所制作的面点，以广东为代表，故称广式面点。

1. 广式面点的风味特色

（1）品种繁多。

（2）季节性强。

（3）多为米及米粉制品。

（4）使用油、糖、蛋较多。

（5）馅心用料广，口味清淡。

2. 广式面点的代表品种

广式面点中富有代表性的品种有笋尖鲜虾饺、蚝油叉烧包、生磨马蹄糕、伦敦糕、糯米鸡、沙河粉、佛山盲公饼、老婆饼、甘露酥、咸水饺等。

（四）川式面点的风味特色及代表品种

川式面点泛指长江中上游以及西南地区所制作的面点，以四川为代表，故称川式面点。

1. 川式面点的风味特色

（1）历史悠久、用料广泛。

（2）制作精细、口味多样。

（3）多为米粉制品。

2. 川式面点的代表品种

川式面点中富有代表性的品种有懒汉汤、龙抄手、担担面、黄凉粉、钟水饺、叶儿粑、白蜂糕、波斯油糕等。

以上四大面点流派都具有鲜明特点，品种多样、内容丰富，汇集了我国面点制作技术的精华，是我国面点技艺的核心。但我国地大物博，地理环境、生活习惯差异较大，除以上介绍的面点，还有许多富有地方特色、民族特色的面点。随着交通、科技的发展，各地面点博采众长、不断创新，形成了我国面点制作技术的新格局。

任务二　面点原料知识

- 熟悉面点原料知识
- 了解各种原料的性质
- 掌握各种原料的用途

我国幅员辽阔、物产丰富，用以制作面点的原料非常之多，几乎所有的主粮、杂粮以及大部分蔬果、肉类都可以作为原料使用。随着经济、科技的发展，用来制作面点的原料不断扩充。只有熟悉原料的性质、特点，以及它们的用途和用法，在实际操作中才能正确选择原料，合理使用原料，保证制品质量。

一、皮坯原料

我国面点的制作一般需先调制面团，包馅面点还需将面团擀成皮用于包裹馅心。因此，皮坯原料必须具备以下三个条件：①具有一定的韧性，包馅后不致破裂；②具有一定的延伸性和可塑性；③具有一定的营养价值并无害于人的身体健康。根据以上要求，可作为面点皮坯原料的有小麦粉、稻米粉、玉米粉、豆粉，以及其他粉料等。

（一）小麦粉

小麦粉，常称为面粉，是由小麦经碾磨制粉，部分或全部去除麸皮和胚，用于制作面制食品的产品。它在面点制作中用量较大，用途也较为广泛。

1.面粉的种类

目前市场供应的面粉可以分为等级粉和专用粉两大类。等级粉按照面粉的加工精度可分为精制粉、标准粉、普通粉；专用粉是在加工制粉时加入适量的化学添加剂或采用特殊的处理方法制成的面粉，此类面粉按照用途，可分为面包粉、自发粉、水饺粉、糕点粉等。

另外，还可以根据蛋白质含量不同，将面粉分为低筋面粉、中筋面粉、高筋面粉。

（1）等级粉

等级粉的特点如表1-1所示。

表1-1　　等级粉的特点

类别	加工精度	色泽、气味	灰分含量（以干基计）	湿面筋含量	水分含量
精制粉	高	正常	≤0.70%	>22%	≤14.5%
标准粉	中等	正常	≤1.10%	>22%	≤14.5%
普通粉	低	正常	≤1.60%	>22%	≤14.5%

*加工精度以面粉中残留的麸皮碎片程度，即以麸星的大小及多少，来表示。

（2）专用粉

①面包粉。面包粉也称高筋粉，是用角质多、蛋白质含量高的小麦加工制成。使用该粉调制的面团筋力大，饱和气体能力强，制出的面包体积大、松软且有弹性。

②自发粉。自发粉是在特制粉中添加一定比例的泡打粉或干酵母制成的面粉。用自发粉调制面团时要注意水温及辅料的添加量，以免影响起发效果。自发粉可直接用于制作馒头、包子等。

③水饺粉。水饺粉是在加工制粉时加入氧化苯甲酰制成的面粉。水饺粉粉质洁白细腻，面筋质含量较高。使用该粉调制的面团具有较好的耐压强度和延展特性。水饺粉适合制作水饺、面条、馄饨等。

④糕点粉。糕点粉也称低筋粉，是将小麦经高压蒸汽加热2分钟后制成的面粉。经高压蒸汽处理后，小麦中蛋白质的特性被改变，因此制成的面粉筋力较小。糕点粉适合制作饼干、蛋糕、开花馒头等。

2. 面粉质量的鉴定方法

（1）含水量

面粉一般含水量为13.5% ~14.5%。含水量对面粉储存有很大影响，也与调制面团时的加水量有密切关系，因此面粉的含水量是一项很重要的质量指标。除用电烤箱等方法测定面粉的含水量之外，常用的简易方法是用手触摸来测定，但这种对面粉含水分的感官测定是凭经验来判断的，需要长期摸索才能取得经验。

（2）新鲜度

面粉的新鲜度可以从面粉的色泽、香味、滋味、触觉等方面来鉴定，一般的鉴定方法是感官检验。

①色泽。质地优良的特制粉呈淡黄色，标准粉略带灰色；若为暗色或夹含杂物的颜色，则为劣等面粉。

②香味。根据气味鉴定面粉的方法为：取少许面粉作试样，放在手掌中间，用哈气或摩擦的方法提高试样的温度后，立即嗅其气味。有新鲜而轻薄的香气者为优质面粉，否则为劣质面粉或者霉变面粉。

③滋味。根据滋味鉴定面粉的方法是：先用清水漱口，再取少许面粉试样放在舌上辨别其滋味。咀嚼时能生成甜味者为优质面粉，出现苦味、酸味、霉味者为劣质面粉或霉变面粉。

④触觉。用手捏搓面粉，面粉手感反应有沙拉拉的感觉者为优质面粉；如羊毛状有软棉感觉者为正常面粉；手感过度光滑者为软质面粉；手感沉重而过度光滑者为劣质面粉。

（二）稻米粉

稻米粉也称米粉，是由稻米加工而成的粉状物。

1. 按加工方法分类

按加工方法分类，稻米粉可分为干磨粉、湿磨粉、水磨粉三种。不同加工方法制成的稻米粉的特点如表 1–2 所示。

表 1–2　不同加工方法制成的稻米粉的特点

类别	制作流程	优点	缺点
干磨粉	将米直接磨成粉	含水量少，保管、运输方便，不易变质	粉质较粗，制品滑爽性差
湿磨粉	将米淘洗、浸泡涨发、控干水分后磨制成粉	较干，粉质细腻，富有光泽	经干燥后才能保存
水磨粉	将米淘洗、浸泡，带水磨成粉浆后，经压粉沥水、干燥等工艺制成粉	粉质细腻，柔软滑润	工艺较复杂，含水量大，不宜久藏

2. 按稻米的品种分类

按稻米的品种分类，稻米粉可分为糯米粉、粳米粉、籼米粉三种。不同品种稻米粉的种类与特点如表 1–3 所示。

表 1–3　不同品种稻米粉的种类与特点

种类		特点	用途
糯米粉	粳糯粉	柔糯细滑、黏性大	制作年糕、汤圆
	籼糯粉	粉质粗硬	
粳米粉		黏性次于籼糯粉，一般将粳米粉与糯米粉按一定的比例配合使用	制作糕团或粉团
籼米粉		黏性小、涨性大	制作米发糕、伦敦糕

（三）玉米粉

玉米粉由玉米或玉米糁磨制而成，不添加或带入任何添加剂。玉米粉粉质细滑，糊化后吸水性强，易于凝结。玉米粉可以单独用来制作面食，如窝头、饼等。玉米粉中的直链淀粉含量约为26%、支链淀粉含量约为74%。由于玉米粉中直链淀粉和支链淀粉的含量比例与小麦淀粉中的含量比例大致相同，因此面粉可与玉米粉掺和使用，作为降低筋力的填充原料。

（四）豆粉

常用的豆粉有绿豆粉、赤豆粉、黄豆粉等。

1. 绿豆粉

制作绿豆粉的绿豆以颜色浓绿、富有光泽、粒大而整齐的为好。

绿豆粉的加工过程：将绿豆拣去杂质，洗净入锅，煮至八成熟，使豆粒涨发去壳，控干水分后用河沙拌炒至断生、微香，筛去河沙，磨成粉。

绿豆粉可用来制作绿豆糕、豆皮等，也可制成馅料。

2. 赤豆粉

赤豆粉的加工过程：将赤豆拣去杂质，洗净煮熟，去皮晒干，磨成粉。

赤豆粉直接用于面点制作的不多，常用于制豆沙馅。

3. 黄豆粉

黄豆粉具有较高的营养价值，通常与稻米粉、玉米粉等掺和后制成团子及糕、饼等面点。

（五）其他粉料

1. 马蹄粉

马蹄粉是以马蹄（荸荠）为原料制成的粉。马蹄粉细滑、吸水性强、糊化后凝结性好。马蹄粉常用于制作马蹄糕系列品种，如生磨马蹄糕、橙汁马蹄卷等。马蹄粉也是质量上乘的烹调淀粉。

2. 番薯粉

番薯粉又称山芋粉、红薯粉，色泽灰暗、质地爽滑。其淀粉中直链淀粉含量约为18%，支链淀粉含量约为82%，所以番薯粉糊化后具有较强的黏性。通常情况下，番薯粉与澄粉、稻米粉掺和后才能用于制作各类面点。也可将含淀粉多的番薯蒸熟烂后捣成泥，与澄粉掺和后制成面点，如薯蓉系列面点。

3. 马铃薯粉

马铃薯粉颜色洁白、质地细腻、吸水性强。其淀粉中直链淀粉含量约为20%，支链淀粉含量约为80%，通常与澄面、稻米粉掺和使用，也可作为调节面粉筋力的填充原料。

马铃薯蒸熟、去皮、捣成泥后，可与澄粉掺和制成面点，如制作莲蓉角等；马铃薯泥还可与白糖、油炒制成馅。

4. 小米粉

小米又称粟，有粳、糯两大类。小米磨成粉后可制作小米窝头、丝糕等，与面粉掺和后可制作各式发酵面点。

二、辅助原料

（一）油脂

油脂在面点制作中具有重要的作用，不仅能改善面团的结构，而且能提高制品的风味。面点制作中常用的油脂可分为动物性油脂、植物性油脂和加工性油脂。

1. 动物性油脂

动物性油脂是指从动物的脂肪组织、骨髓或哺乳动物的乳中制取的油脂，具有熔点高、可塑性强、流散性差、风味独特等特点。动物性油脂主要品种有猪油、黄油、鸡油等。动物性油脂的特点及用途如表1–4所示。

表1–4　动物性油脂的特点及用途

种类	特点	用途
猪油	味道香、起酥性好。猪油的熔点较高，为28～45摄氏度，常温下呈软膏状，白色或稍带黄色，细腻有光泽。融化的猪油为微黄色，澄清透明	常用于中式面点的制作，如酥饼、桃酥、单饼等
黄油	色泽淡黄，具有浓郁的奶香味，易消化，营养价值高。黄油的熔点为28～33摄氏度，凝固点为15～25摄氏度，在常温下呈固态	常用于西式面点的制作，如曲奇饼干、重油蛋糕、起酥面包等
鸡油	色泽金黄、鲜香味浓，利于人体消化吸收	常用于调味或增色，如用于制作鸡油马拉糕、鸡油馄饨、鸡油面团等

2. 植物性油脂

植物性油脂是指从植物的种子、果仁、果皮或胚芽等组织制取的油脂。制取油脂的方法有两种：一是冷榨法，采用此法制取的油色泽较浅，气味较淡，水分含量多；二是热榨法，采用此法出油量大，所制取的油色泽较深，气味较香，水分含量少。常用的植物性油脂有豆油、花生油、芝麻油、玉米油等。植物性油脂的特点及用途如表

1–5所示。

表1–5　　植物性油脂的特点及用途

种类	特点	用途
豆油	粗制的豆油呈黄褐色，有浓重的豆腥味。使用时可将油放入锅中加热，放入少许葱、姜，略炸后捞出，去除豆腥味。精制的豆油呈浅黄色，可直接用于调制面团或炸制面点	用于调制面团或炸制面点
花生油	纯正的花生油透明清亮，色泽淡黄，气味芳香，常温下不混浊，温度低于4摄氏度时，稠厚混浊，呈粥状，色泽为乳黄色	用于调制面团、调馅及用于炸制面点
芝麻油	大磨芝麻油油色金黄，香气不浓；小磨芝麻油呈红褐色，味浓香	一般用于调味增香
玉米油	玉米油色泽金黄透明，清香扑鼻，在高温煎炸时，具有相当高的稳定性	用于制馅、煎炸面点

3. 加工性油脂

加工性油脂是将油脂进行二次加工所得到的产品，如色拉油、起酥油、人造奶油、人造鲜奶油等。加工性油脂的特点及用途如表1–6所示。

表1–6　　加工性油脂的特点及用途

种类	特点	用途
色拉油	呈浅黄色，清澈透明，流动性好，稳定性强，无不良气体，低温下不易凝固，烹饪时不起沫、油烟少	用于煎、炒、炸、凉拌菜肴
起酥油	起酥性能良好，一般不宜直接食用	主要用于面点起酥
人造奶油	人造奶油是奶油的仿制品，具有良好的乳化性、起酥性、可塑性，有浓郁的奶香味	主要用于面点起酥
人造鲜奶油	人造鲜奶油应冷冻储存，使用时，在常温下稍软化后，先用搅拌机慢速搅打至无硬块状态，然后改为高速搅打，至组织细腻、挺立性好即可使用	用于蛋糕的裱花、西式面点的点缀和灌馅

（二）糖类

糖类是制作面点的重要原料之一。糖类除了可以作为甜味剂使面点具有甜味外，还能改善面团的品质。面点中常用的糖类可分为蔗糖、饴糖两类。糖类的特点及用途如表1–7所示。

表1–7　　糖类的特点及用途

种类		特点	用途
蔗糖	绵白糖	色泽雪白明亮，杂质少，质地绵软，溶解快	常用于中式面点的制作，如制馅、和面等
	白砂糖	纯度很高，99%以上是蔗糖，颗粒均匀、颜色洁白、无杂质、无异味，用水溶化后糖液清澈	常用于西式面点的制作，如蛋糕、饼干等
	红糖	色红、甘甜味香	用于面点的上色和增加甜味
	糖粉	洁白，粉末状，含有3%～10%的淀粉混合物	用于西点的制作和装饰
饴糖		浅棕色、半透明、具有甜味的黏稠糖液，具有良好的持水性	常用于甜味面点的制作，保持面点制品的柔软性

（三）蛋类

蛋类是制作面点的重要原料之一，主要有鲜蛋、冰蛋和蛋粉。在面点制作中应用最多的是鲜蛋，所利用的性质有蛋白的起泡性、蛋黄的乳化性、蛋的热凝固性等。

1. 蛋的分类

（1）鲜蛋

鲜蛋的种类很多，如鲜鸡蛋、鲜鸭蛋、鲜鹅蛋等。在西餐面点中经常用到的是鲜鸡蛋，因为鲜鸡蛋凝胶性强、起发力大、味道鲜美。制作面点时应选择气室小、不散黄的鲜鸡蛋。

（2）冰蛋

冰蛋是将鲜蛋去壳，将蛋液搅拌均匀后，经低温冻结而成的蛋制品。冰蛋采取速冻法，蛋液的胶体特性没有被破坏，其质量与鲜蛋差别不大，食用也比较方便，易于保存（应放在零下8摄氏度左右的冷库中）。冰蛋有冰蛋白、冰蛋黄和冰全蛋三种。

（3）蛋粉

蛋粉是将质量好的蛋打破去壳，取出其内容物，经烘干或喷雾干燥制成，有全蛋粉、蛋白粉和蛋黄粉三种。

2. 蛋的性质

（1）蛋白的起泡性

蛋白是一种亲水胶体，具有良好的起泡性，在调制物理膨松面团时具有重要的作用。

（2）蛋黄的乳化性

蛋黄中含有许多磷脂，磷脂具有亲油和亲水双重性，是一种理想的天然乳化剂。

（3）蛋的热凝固性

蛋白受热后会出现凝固变性现象，在50摄氏度左右时开始混浊，在57摄氏度左右时黏度增加，62摄氏度以上失去流动性，70摄氏度以上凝固，失去起泡性。

蛋黄在65摄氏度左右开始变黏，成为凝胶状，70摄氏度以上失去流动性并凝固。

（四）乳品

乳品是面点制作中的辅料之一。乳品不但具有很高的营养价值，而且对面团的工艺性能有着重要的影响，所以乳品常用于高级点心制作。乳品的特点及用途如表1–8所示。

表1–8　乳品的特点及用途

种类	特点	用途
奶粉	含水量低，便于保存，使用方便	广泛用于面点制作
鲜乳	呈乳白色或白中略带黄色，有清淡的奶香味。鲜乳营养丰富，使用方便	用于调制面团或制作甜馅
炼乳	质地细腻，有良好的流动性，色泽浅黄，甜度大，使用时应适当减少用糖量	广泛用于甜味面点制作
酸奶	羹状，口感酸甜爽滑，有发酵香味，消化性能优于鲜乳	主要用于蛋糕、面包的制作
乳酪	在微生物和酶的作用下可形成不同的风味、色泽和质构，宜冷藏储存	主要用于乳酪蛋糕、乳酪面包的制作

（五）果品

果品可分为鲜果，如苹果、梨、桃等；果干，如葡萄干、柿饼等；果仁，如核桃仁、松子仁、花生仁等；果制品，如蜜饯、果酱、罐装水果等。果品的特点及用途如表1–9所示。

表1–9　　果品的特点及用途

种类	特点	用途
鲜果	富含水分、糖分、有机酸、维生素C、纤维素等，品种多样，颜色鲜艳	在西式面点中应用较多，主要用于面点表面装饰及制作馅心
果干	富含糖分、有机酸、矿物质等，食用方便	可用于制作馅心或拌入面团中增加风味
果仁	含有丰富的脂肪、蛋白质、矿物质等，具有脂香，风味独特	常用于制作馅心及用于面点表面装饰
果制品	品种多样，风味独特，食用方便	常用于制作馅心及用于面点表面装饰

三、调味品及食品添加剂

（一）调味品

调味品是在饮食、烹饪和食品加工中广泛应用的，用于调和滋味和气味，并具有去腥、除膻、解腻、增香、增鲜等作用的产品。其包括食盐、食糖、酱油、芝麻油、香辛料和香辛料调味品等。

1.食盐

食盐是“味中之王”，是咸味的主要来源。食盐是人体不可缺少的物质，能促进胃液分泌、增进食欲，保持人体正常的渗透压和体内的酸碱平衡。食盐在面点制作中的作用主要体现在以下几个方面。

（1）提高面团的韧性和筋性

食盐能改变面筋的物理性质，增强其吸收水分的性能，使其膨胀而不致断裂，进而提高面团的韧性和筋性。食盐影响面筋的性质，主要是使其质地变密而增加弹力。低筋面粉用食盐量可稍多些，高筋面粉则可少用些。

（2）调节面团的发酵速度

完全没有加食盐的面团发酵速度较快，但发酵情形极不稳定。食盐有抑制发酵的作用，可用来调整发酵的时间，因此，食盐又称为“稳定发酵原料”。

（3）调节制品口味

食盐可以中和制品的甜味，还能使甜味更突出，体现制品的口味特色。

（4）改进制品色泽

利用食盐调理面筋，可使面筋内部产生比较细密的组织，使光线能较容易地通过较薄的组织壁膜，进而使烘烤成熟的制品内部组织细腻、色泽较白。

2. 酱油

酱油是我国的特产调味料，是以大豆（或脱脂大豆）、小麦、碎米、麸皮等为原料，经过微生物或酶的催化水解生成多种氨基酸和糖类，并以这些物质为基础，再经过复杂的生物、化学变化合成的具有特殊色泽、香气、滋味的调味料。酱油的种类、特点及用途如表1–10所示。

表1–10　　酱油的种类、特点及用途

种类	特点	用途
生抽酱油	颜色较浅，具有可口的鲜味和丰富的营养	适用于制作馅心
老抽酱油	深黑色，咸味较重，香味和鲜味则不及生抽	多用来腌制肉类

3. 食糖

食糖指用于调味的糖，一般指用甘蔗或甜菜精制的白砂糖或绵白糖，也包括淀粉糖浆、饴糖、葡萄糖、乳糖等。食糖具有易溶性、渗透性和结晶性等特点，在面点制作中的作用主要有以下几个方面。

（1）增加制品甜味，突出制品的口味特色。

（2）改善制品的色泽，装饰制品的外观。

（3）调节面筋筋力。

（4）调节面团发酵速度。

（5）防腐作用。

（二）膨松剂

凡能使面点制品膨大疏松的物质都可称为膨松剂。膨松剂有两类：一类是化学膨松剂，多用于糖、油用量较多的制品；另一类是生物膨松剂，多用于糖、油用量较少的制品。

1. 膨松剂的种类

膨松剂的种类、特点及用途如表1–11所示。

表1–11　　膨松剂的种类、特点及用途

<table>
<tr><th colspan="2">种类</th><th>特点</th><th>用途</th></tr>
<tr><td rowspan="2">生物膨松剂</td><td>酵母</td><td>发酵力强，制品口味醇香，但需严格控制发酵温度和湿度</td><td>常用于制作包子、馒头、面包等</td></tr>
<tr><td>面肥</td><td>由于菌种不纯，面团发酵后会产生酸味，因此需兑碱后才能制作面点，经济实惠且制品风味独特</td><td>常用于制作包子、馒头等</td></tr>
</table>

续表

种类		特点	用途
化学膨松剂	碳酸氢铵	白色粉状结晶，有刺鼻的氨气味。碳酸氢铵易溶于水，不溶于乙醇，水溶液呈碱性。性质不稳定	碳酸氢铵一般和碳酸氢钠混合使用，用来制作饼干
	碳酸氢钠	白色粉末或细微结晶，无臭、味咸、易溶于水，水溶液呈微碱性，受热易分解	常用于制作油条、麻花等
	碳酸钠	呈白色粉末或细粒状，溶于水，水溶液呈碱性	用来中和面团中产生的酸，使制品膨大，常用于制作包子、馒头等
	明矾	无色、透明、坚硬的结晶块或白色结晶粉末，无臭，味涩，呈酸性	在面点制作中常与碳酸钠或碳酸氢钠等碱性物质配合使用，酸碱中和产生CO_2气体。明矾可用于制作油条、馓子等
	泡打粉	中性，在烘焙加热的过程中会释放出更多的气体，使制品膨胀、松软	广泛用于面点制作

2. 使用膨松剂的注意事项

（1）加热后，制品中膨松剂残留的物质必须无毒、无味、无色，不影响制品的风味和质量。

（2）要使用在常温下性质稳定，在高温下能迅速均匀地产生大量气体，使制品膨松的膨松剂。

（3）要掌握使用量，用量越少越好，一般能达到膨松效果即可。

（三）着色剂

1. 着色剂的分类

在面点制作过程中，为了增加面点的色泽，常常使用各种着色剂对面点进行着色，使制品色泽丰富多彩。着色剂按性质可分为天然色素、化学合成色素两大类。着色剂的种类、特点及用途如表1–12所示。

表1–12　着色剂的种类、特点及用途

种类		特点	用途
天然色素	焦糖	焦糖是由蔗糖或饴糖在180～190摄氏度的温度下焦化而成的一种红褐色或黑褐色色素	主要用于烘烤类面点的制作，如黑麦面包、裸麦面包、虎皮蛋糕、布丁等

续表

种类		特点	用途
天然色素	红曲米色素	耐光，耐热，对酸、碱稳定，着色性好	广泛用于面点、菜肴制作
	叶绿素	耐酸，耐热，耐光性差	广泛用于面点制作
化学合成色素	苋菜红	色彩鲜艳，成本低廉，性质稳定，着色力强，但无营养价值，大多数对人体有害，因此要严格控制使用量	应用于面团的着色，及奶油裱花的色彩调配等
	胭脂红		
	柠檬黄		
	日落黄		
	靛蓝		
	苹果绿		

2.使用着色剂的注意事项

（1）尽量选用对人体安全性高的天然色素。

（2）使用化学合成色素时要控制用量，不得超过国家允许的标准。

（3）要选择着色力强、耐热、耐酸碱的水溶性色素，避免其在人体内沉积。

（4）尽量用原料的自然颜色来体现面点的色彩，使用色素是为了弥补原料颜色的不足，因此少用色素为好。

（四）赋香剂

凡能增加食品的香气、改善食品风味的物质都可称为赋香剂。赋香剂按来源分为天然赋香剂和人工合成赋香剂，按质地分为水质赋香剂、油质赋香剂和粉质赋香剂，按香型分为奶香型赋香剂、蛋香型赋香剂和水果香型赋香剂。

1.赋香剂的分类

常用赋香剂的种类、特点及用途如表1-13所示。

表1-13　　常用赋香剂的种类、特点及用途

种类	特点	用途
吉士粉	浅黄色或浅橙黄色的粉末，具有浓郁的奶香味和果香味	具有增色、增香的作用，常用于西式面点制作
橘子油	黄色油状液体，具有清甜的柑橘香味	常用于冻类点心的制作
香兰素	白色结晶或白色粉末状，具有蛋奶香味，味苦	常用于各式点心的制作

续表

种类	特点	用途
薄荷油	无色、淡黄色或黄绿色明亮液态，具有薄荷香味，味初辛后凉	常用于冻类点心的制作

2. 使用赋香剂的注意事项

（1）注意赋香剂的使用量。

（2）赋香剂都有一定的挥发性，使用时要尽量避免高温，以免作用减弱。

（3）使用后要及时密封、避光，以免赋香剂挥发。

（五）凝胶剂

凝胶剂是改善和稳定食品物理性质或组织状态的添加剂，可分为动物性凝胶剂、植物性凝胶剂和人工合成凝胶剂。常用凝胶剂的种类、特点及用途如表 1–14 所示。

表 1–14　　常用凝胶剂的种类、特点及用途

种类	特点	用途
琼脂	凝结力强，冻胶爽脆，透明度高	常用于果冻、杏仁豆腐、豌豆黄等的制作，还可以用于鲜肉馅的掺冻环节
明胶	白色或微黄色半透明的、微带光泽的薄片或粉粒，无挥发性，无臭味，有微弱的肉脂味。凝结力强，冻胶柔软而有弹性	常用于水果啫喱、棉花糖等的制作
果胶	白色或黄色，有较好的水果风味	常用于果酱、果冻等的制作

任务三　面点制作的设备与工具

学习目标

- 熟悉面点制作的设备与工具
- 掌握面点制作设备与工具的种类、特点及用途
- 掌握面点制作设备与工具的使用与保养

我国传统面点多以手工制作，近年来，面点制作的设备及工具有了长足的发展，减轻了面点制作人员的劳动强度，提高了面点制作人员的工作效率。本节将对面点制作的常用设备及工具做简单介绍。

一、面点制作设备的介绍

（一）初加工设备

1.绞肉机

（1）绞肉机特点

绞肉机（见图1–1）是肉类加工企业在生产过程中将原料按不同工艺要求加工成规格不等的颗粒状肉馅，以便同其他辅料充分混合来满足不同需求的设备。

图1–1　绞肉机

绞肉机一般采用优质铸铁件或不锈钢制造，对加工物料无污染，符合食品卫生标准。绞肉机的刀具经特殊热处理，耐磨性强，使用寿命长。该机操作简单，拆卸、组装方便，容易清洗，加工范围广，物料加工后能很好地保持其原有的各种营养成分，保鲜效果良好。刀具可根据实际使用要求进行调节或更换。

（2）绞肉机的工作原理

使用绞肉机时，先开机后放料，借助物料本身的重力和螺旋供料器的旋转，把物料连续地送往绞刀口进行切碎处理。螺旋供料器的螺距后面比前面小，螺旋轴的直径后面比前面大，这样就对物料产生了一定的挤压力，迫使已切碎的肉从格板上的孔眼中排出。

2.磨浆机

（1）磨浆机的特点

磨浆机（见图1–2）由磨浆室、传动机构、底座、电动机等组成。磨浆室由固定在机壳和移动座上的两个固定磨片以及安装在转动盘上的两个转动磨片组成，形成两个磨区。通过调换不同齿形的磨片，可以满足各种浆料的打浆要求。浆料由两根进浆管进入磨区中心，在离心力和进浆压力的作用下通过磨区，经过磨区内齿盘的搓、揉、挤、压完成打浆过程。

图1–2　磨浆机

（2）磨浆机的工作原理

磨浆机主要由喂料系统、磨浆系统组成。喂料系统由电动机、三角皮带轮、减速器和喂料螺旋管组成，通过异步电机带动减速器，并联动喂料螺旋管实现喂料。磨浆系统主要由磨浆室、磨片、调整移动装置、联轴器等组成。其工作原理是将喂料螺旋管输送的浆料输向磨浆室，依靠磨片研磨成浆。

（二）搅拌设备

1. 和面机

和面机（见图1–3）是用来调制各种不同性质的面团的，包括酥性面团、韧性面团、水面团等。和面机是面点制作中最常用的机械设备。

图1–3　和面机

和面机调制面团的基本过程：将水、面粉及其他原料倒入搅拌器，开启电动机，使搅拌桨叶转动，面粉颗粒在桨叶的搅动下均匀地与水结合，形成胶体状态的不规则小团粒，小团粒相互黏合，逐渐形成一些零散的大团块，随着桨叶的不断搅动，团块扩展成整体面团。通过搅拌桨叶对面团连续地剪切、折叠、压延、拉伸等，可调制出表面光滑，具有一定弹性、韧性及延伸性的理想面团。若再继续搅拌，面团的塑性便会增强，弹性降低，成为黏稠物料。

2. 打蛋机

打蛋机（见图1–4）是食品加工中常用的搅拌调和装置，用来搅打黏稠浆体，如糖浆、面浆、蛋液、乳酪等。

图1–4　打蛋机

打蛋机多为立式，主要由电动机、传动装置、搅拌器组成。打蛋机工作时，搅拌器高速旋转，强制搅打，被调和物料充分接触并剧烈摩擦，实现混合、乳化、充气及排出部分水分的效果。由于被调和物料的黏度低于和面机搅拌物料的黏度，因此打蛋机的转速高于和面机的转速，一般在70～270转每分钟，这使其被称作高速调和机。

打蛋机的搅拌器由搅拌桨和搅拌头组成，搅拌桨在运动中搅拌物料。搅拌桨有3种结构：钩形搅拌桨、扇形搅拌桨、花蕾形搅拌桨。钩形搅拌桨的强度高，运转时各点能够在容器内形成复杂的运动轨迹，主要用于调和高黏度物料，如生产蛋糕所需的面浆。扇形搅拌桨的桨叶外缘与容器内壁形状一致，具有一定的强度，作用面积大，可增加剪切作用，适用于中黏度物料的调和，如蛋白浆、糖浆等。花蕾形搅拌桨由不锈钢丝组成花蕾形结构，搅打强度虽然较低，但易使液体流动，主要用于搅拌阻力小的低黏度物料，如蛋液。

（三）恒温设备

恒温设备是制作西式面点不可缺少的设备，主要用于原料的冷藏、冷冻，面团的发酵等。常用的恒温设备有发酵箱、冰箱、冰柜、巧克力融化机等。

1.发酵箱

发酵箱（见图1–5）主要用来完成面团的发酵，箱体多由不锈钢制成，发酵箱由密封的外框、活动门、不锈钢管托架、电源控制开关、水槽和温湿度调节器等组成。

发酵箱的工作原理是利用电热丝将水槽内的水加热蒸发，使面团在一定的温度和湿度条件下充分发酵、膨胀。发酵制品时，一般是将发酵箱的温度和湿度调节到理想状态后再进行发酵。

图1–5　发酵箱

2.冰箱

冰箱（见图1–6）是现代西式面点制作的重要设备，其种类很多。按制冷原理分类，其可分为压缩式冰箱、吸收式冰箱和半导体式冰箱3种，常用的冰箱通常是电动压缩式冰箱；按用途分类，其可分为保鲜冰箱和低温冷冻冰箱；按冷却方式分类，其可分为直冷式冰箱和间冷式冰箱两大类，其中，间冷式冰箱具有不结霜、易清理、制冷效果好、降温速度快等优点；按放置方法分类，其可分为台式冰箱、卧式冰箱、立式冰箱、移动式冰箱、壁挂式冰箱、嵌入式冰箱。无论哪种冰箱，都由制冷机、密封保湿外壳、门、橡胶密封条、温度调节器等部件构成。

图1–6　冰箱

（四）成形设备

面点分割成形设备代替了传统的手工分割和成形操作，使生产效率大大提高，同时使制品质量得到统一，使操作者从繁重的劳动生产中解放出来。这类设备的种类很多，有压面机、分割机、搓圆机、开酥机等。

1.压面机

（1）压面机的用途

压面机的主要作用是使调制好的面团通过压辊间隙，压成所需厚度的皮料。反复压制面团，有助于面团面筋的扩张，理顺面筋纹理，改善面团结构。

（2）压面机的分类

①大中型压面机［见图1–7（a）］

此类压面机多为面食加工行业的大中型压面机械，可分为半自动压面机和全自动压面机两种。全自动压面机和半自动压面机的区别主要在于全自动压面机由人工喂面改为传送带自动送面，安全性大大提高，同时降低了工作人员的劳动强度。这种压面机是用电力带动机器工作。

②小型压面机［见图1–7（b）］

此类压面机又称家用压面机。该机专为家庭用户研发，结构小巧，美观环保，安全可靠，性能高。该机的功能也很丰富，多速可选，快慢可调节，可压细面、宽面、馄饨皮、饺子皮、包子皮等，非常适合家庭使用。这种压面机一般需要人做一些相应的配合工作。

（a）大中型压面机

（b）小型压面机

图1–7　压面机

2. 分割机

分割机（见图1–8）构造比较复杂，有各种类型，主要用途是均匀地分割经过初次发酵的面团，并将其制成一定的形状。分割机的特点是分割速度快，分量准确，成形规范。在大型面包生产企业中，分割机往往与搓圆机连接在一起，将分割出来的面团直接搓成圆形。

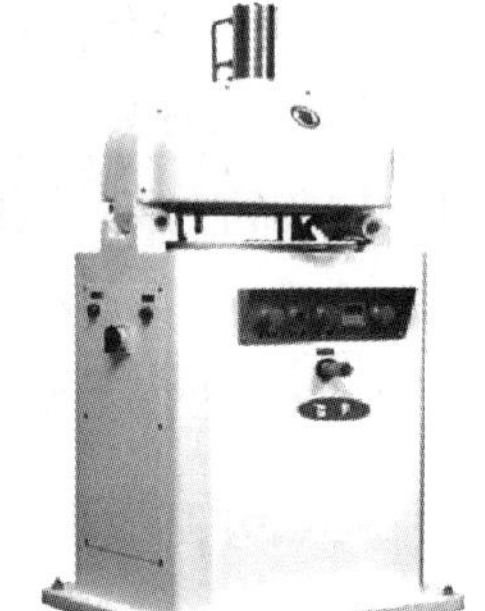

图1–8　分割机

3. 搓圆机

搓圆机是面包成形设备之一，主要用于面团的搓圆。

按照外形特点，搓圆机有伞形搓圆机、锥形搓圆机、筒形搓圆机和水平搓圆机，目前我国使用最多的为伞形搓圆机。

4. 开酥机

开酥机（见图1–9）主要用于压片和成形操作。面团调制好后，为了使组织松散的面团变成紧密的、具有一定厚度的面片，需要对其进行辊压。辊压时，面团受到机械力的作用，会产生纵向和横向的张力，进而形成面片。

图1–9　开酥机

（五）成熟设备

1.烤箱

烤箱又称烤炉、烘烤炉等，是用热空气烘烤来使食品成熟的一种加热装置。烤箱按热源种类不同，可分为煤烤炉、煤气烤炉和电烤炉等；按结构形式不同，可分为层烤炉、热风炉和隧道炉（分别见图1-10、图1-11、图1-12）。烤箱使用广泛，因其具有加热快、效率高、节能、卫生等优点。烤箱主要用来烘烤酥点、面包、蛋糕等。

图1-10　层烤炉

图1-11　热风炉

图1-12　隧道炉

（1）烤箱的构造

烤箱一般为不锈钢材质，内膛用隔热材料，分多层，层与层之间也装有隔热材料。烤箱门多为双层玻璃门，隔热效果好。另外，烤箱还装有加热装置、温控装置、电子报警显示计时器、电路管短路显示装置等，有的还设有喷水装置。

（2）使用注意事项

①不要将可燃物、塑料器皿放在烤箱顶部或放入烤箱内，以免引起火灾。

②不要将玻璃器皿放到烤箱内，以免玻璃器皿爆裂。

③调整烘烤制品方向时要戴好隔热手套，以免烫伤。

2.微波炉

（1）微波炉的分类

按控制方式分类，微波炉分为电脑式微波炉和机械式微波炉两大类。

电脑式微波炉适合年轻人使用。其优点在于能够精确控制加热时间，根据加热食物的不同，有多种程序可供选择，高档的产品可能还有一些其他附加功能；缺点是按键多，操作复杂，不易掌握。

机械式微波炉适合中老年人使用。其优点在于操作简便，可靠性好。

（2）微波炉的“两个效应”

①微波炉效应。微波炉炉腔内电磁场的变化速度高达24.5亿次/秒（微波频率为2450兆赫），作用于食物内的水分子等极性分子，可使之来回摆动24.5亿次/秒，水分子之间高速轮摆摩擦产生热，从而达到加热的目的。

②生物效应。由于微生物细胞液吸收微波的能力优于周围的其他介质，因此在微

波电磁场中的细胞将迅速破裂，进而菌体细胞死亡。

（3）微波炉的“三个特性”

①反射性。微波碰到金属会被反射回来，故采用经特殊处理的钢板制成内壁，通过微波炉内壁的反射作用，使微波来回穿透食物，加强热效率。但炉内不得使用金属容器，否则会影响加热时间，甚至引起炉内放电打火。

②穿透性。微波对一般的陶瓷器、玻璃、耐热塑胶、木、竹等具有穿透作用，故以上材料均可在微波炉内使用。

③吸收性。各类食物可吸收微波，食物内的分子经过振荡、摩擦而产生热。但微波对各种食物的渗透程度视食物的质量、厚薄等因素的不同而有所不同。

（4）微波加热原理

食品中总是含有一定量的水分，而水是由极性分子组成的，当微波辐射到食品上时，这种极性分子的取向将随微波场的变动而变动。食品中水的极性分子的这种运动，以及相邻分子间的相互作用，产生了类似摩擦的现象，使水温升高，因此食品的温度也就上升了。用微波加热的食品，因其内部也同时被加热，整个物体受热均匀，升温速度也快。

3. 电饼铛

电饼铛（见图 1–13）也称烙饼锅，主要用于面点的煎、烙等，具有自动上下火控温，自动点火、熄火、保护等功能。

4. 油炸炉

油炸炉（见图 1–14）以电加热为主，也有气加热的，能自动控制油温。油炸炉是西餐厨房中用来制作油炸食品的主要设备，具有投料量大、工作效率高、温度可设定调节、自动滤油、操作方便等特点。

（1）油炸炉的构造

油炸炉由不锈钢结构架、不锈钢油锅、温度控制器、加热装置、油滤装置等组成。

（2）使用油炸炉的注意事项

①滤油时每次都要用滤油标尺检测。滤油标尺显示为一格、二格、三格的都要滤油，待油温降低时撒滤油粉，更换滤油纸（每滤一次油更换一次滤油纸）。

②以气加热的油炸炉在检测是否漏气时，千万不要用明火测试，要用肥皂水或检测仪器测试连接处是否漏气。

③将油脂注入锅内时，油面高度应在 MAX 线和 MIN 线之间。

5. 蒸煮灶

蒸煮灶（见图 1–15）适用于蒸、煮等。蒸煮灶有两种：一种是明火蒸煮灶，利用明火加热，使锅中的水沸腾产生蒸汽，将生坯蒸煮成熟；另一种是以电为能源的远红外电蒸锅，利用远红外电热管将锅中的水加热沸腾，达到蒸煮的目的。

图1-13　电饼铛

图1-14　油炸炉

图1-15　蒸煮灶

（六）工作台

1.工作台的用途

工作台又称案台，是用于手工制作面点的操作台。制作面点时，和面、搓条、下剂、制皮、成形等一系列工序，基本上在工作台上完成。

2.工作台的分类

工作台有木质工作台、不锈钢工作台、大理石工作台、塑料工作台等，在使用时根据具体需要选用。

（1）木质工作台

木质工作台（见图1-16）台面大多用6～7厘米厚的木板制成，底架一般是铁制或木制的，台面的材料以枣木为最好，其次是柳木的。木质工作台质地软，制作酵面类制品时多用此种工作台。

（2）不锈钢工作台

不锈钢工作台（见图1-17）美观大方，卫生清洁，台面平滑光亮，传热性能好。不锈钢工作台的使用相当普遍。

（3）大理石工作台

大理石工作台台面（见图1-18）一般用4厘米左右厚的大理石材料制成。大理石工作台台面比木质工作台台面平整、光滑、散热性能好、抗腐蚀力强，是做糖活的理想工作台台面。

（4）塑料工作台

塑料工作台台面（见图1-19）质地柔软，抗腐蚀性强，不易损坏，较适宜加工制作各种制品。

图1-16　木质工作台

图1-17　不锈钢工作台

图1–18　大理石工作台台面

图1–19　塑料工作台台面

二、面点制作设备的使用与保养

（一）机械设备的使用与保养

（1）使用前要了解设备的性能、工作原理和操作规程，严格按规程操作，检查各零部件是否完好。一般情况下，要进行试机，运转正常后方可使用。

（2）机械设备不能超负荷使用，应尽量避免长时间不间断运转。

（3）有变速箱的设备应及时补充润滑油，以保持一定油量，减少摩擦，避免齿轮磨损，同时还要防止润滑油泄漏。

（4）设备应放置在干燥处，以免受潮短路。

（5）设备运转过程中不能强行扳动变速手柄，改变转速，否则会损坏变速装置或传动部件。

（6）要定期对主要部件、易损部件、电动机传动装置进行检查、维修。

（7）要定期进行机械维护和清洁，机械外部可用弱碱水进行擦洗，清洗时一定要先断开电源，同时注意防止电动机受潮。

（8）设备运转过程中发现异常情况或听到异常声音时，应立即停机检查，排除故障后方可继续操作。

（9）不能在设备上乱放杂物，以免杂物掉入机械损坏设备。

（二）恒温设备的使用与保养

1. 发酵箱的使用与保养

发酵箱在使用前应先调节到生产工艺要求的温度、湿度。发酵箱在使用时应注意水槽内的水位，不可无水干烧，否则设备会严重损坏。发酵箱要经常保持内外清洁，水槽要经常用除垢剂进行清洗。

2. 冰箱的使用与保养

（1）冰箱应放置在空气流通处，箱体四周至少留有 10 ~ 15 厘米的空隙，以便通风降温。

（2）冰箱内存放的物品不宜过多，且生、熟食品要分开存放。

（3）冰箱门必须关紧，以使冰箱内保持低温状态。

（4）冰箱使用过程中要注意及时清除蒸发器上的积霜。

（5）冰箱在运行中不得频繁切断电源，以免损坏压缩机。

（6）停用时要切断冰箱电源，取出冰箱内食品，融化霜层，并将冰箱内、外擦洗干净，风干后再将冰箱门微开，用塑料罩罩好，放置在通风干燥处。

（三）成熟设备的使用与保养

1. 烘烤设备的使用与保养

（1）新烤箱在启用前应详细阅读使用说明书，以免操作不当而出事故。

（2）食品烘烤前应先将烤箱预热。

（3）不可将潮湿的烤盘直接放入烤箱，应将烤盘擦干后再放入。

（4）在烘烤过程中要随时检查温度情况和制品的外表变化情况，根据情况及时调整温度。

（5）烤箱使用完毕应立即关闭电源，温度下降后应将残留在烤箱内的污物清理干净。

（6）要经常清洁烤箱，清洗烤箱时不宜用水，最好用厨具清洗剂擦洗，也不能用钝器铲刮污物。

（7）如果长期停用烤箱，应将烤箱内、外擦洗干净后用塑料罩罩好，放在通风干燥处。

2. 电饼铛的使用与保养

（1）第一次使用时应该先用湿布将发热盘擦拭干净，在上、下发热盘上擦上少量食用油。

（2）在使用过程中，电饼铛预热完成后才能进行制品的成熟操作。

（3）在电饼铛的工作过程中，严禁用手触摸发热盘及产品表面，以免烫伤。

（4）使用完毕后在发热盘上倒一点热水，加一点碱面，用毛巾转圈把油蘸出来，再加热水重复操作，直至干净，然后将发热盘晾干即可。

（5）为了更好地保养电饼铛，每次用完最好都要及时清洁干净。

（四）工作台的保养

工作台使用后，一定要彻底清洗干净。一般情况下，要先将工作台上的粉料清扫干净，用水刷洗后，再用湿布将案面擦净。

三、面点制作工具的种类、特点及用途

（一）称量工具

面点制作中的称量工具主要有电子秤、量杯、量勺等，如表1–15所示。

表1–15　　称量工具

种类	特点	用途	图示
电子秤	有利于配料准确	用于称量原料	
量杯	带有刻度的杯子，称量方便	多用于称量液体原料	
量勺	一组规格不同的勺	用于少量原料的称取，多用于干性原料	

（二）搅拌工具

面点制作中的搅拌工具包括调料盆、打蛋器和刮刀等，如表1–16所示。

表1–16　　搅拌工具

种类	特点	用途	图示
调料盆	又称拌料盆，有不同的形状和型号，可配套使用	用于调拌各种面点配料和盛装各种原料等	
打蛋器	用多条钢丝捆扎在一起制成，有不同的型号，轻便灵巧	用于搅打蛋液、沙司及搅拌面糊	
刮刀	多由耐高温硅胶材料制成	用于搅拌面糊、奶油等	

（三）成形工具

面点制作中用于成形的工具包括擀面杖、套模、印模、花钳等，如表1–17所示。

表1–17　成形工具

<table>
<tr><th colspan="2">种类</th><th>特点</th><th>用途</th><th>图示</th></tr>
<tr><td rowspan="4">擀面杖</td><td>尜杖</td><td>两头尖，中间粗，能提高擀皮效率</td><td>用于水饺皮、包子皮的制作</td><td></td></tr>
<tr><td>双杖</td><td>两根为一组，与面皮接触面积较大，能使皮薄厚均匀</td><td>用于月牙饺皮、花色蒸饺皮、盒子皮的制作</td><td></td></tr>
<tr><td>平杖</td><td>圆柱形，有粗细长短之分，根据需要灵活选用</td><td>用于擀饼，开酥，蛋糕卷、肉松卷的成形等</td><td></td></tr>
<tr><td>走槌</td><td>又称通心槌，多由木质或不锈钢制成，圆柱形，面杖中间有轴</td><td>擀制量大、面积大的面皮时使用</td><td></td></tr>
<tr><td colspan="2">套模</td><td>又称卡模，用金属制成的平面图案套筒，成形时用套模将擀制平整的坯料刻成规格一致、形态相同的半成品</td><td>常用于片形皮料的生坯成形</td><td></td></tr>
<tr><td colspan="2">印模</td><td>多为木质和塑料材质，用于刻成各种形状，有单凹和多凹等多种规格，底部刻有各种花纹图案及文字</td><td>坯料通过印模成形，形成图案、规格一致的精美造型，如制作广式月饼、绿豆糕等</td><td></td></tr>
<tr><td colspan="2">花钳</td><td>又名花夹子，用不锈钢制成，一端为齿纹状</td><td>用于点心造型，如制作花边等</td><td></td></tr>
</table>

（四）常用刀具

刀具是面点制作中必不可少的工具之一。刀具一般用薄钢板和不锈钢制成，不同形状的刀具用途不同，如表1–18所示。

表1–18　　常用刀具

种类	特点	用途	图示
锯齿刀	为不锈钢材质，是一边带齿的条形刀	用于面包、蛋糕的分割	
分刀	刀刃锋利，呈弧形，背厚，颈尖，型号多样，刀长为20～30厘米	用于切割各种原料	
菜刀	长方形，刀身宽，背厚	用于切割原料，剁馅等	
轮刀	刀片呈圆形，滚动切割	用于切割塔派、比萨等	
滚轮刀	为不锈钢材质，有三连、五连和七连滚轮刀	用于面片的切割，如牛角包面片的切割，油条面的分坯等	

（五）成熟工具

成熟工具主要是与成熟设备相配套的工具，包括烤盘、蛋糕模、吐司模具、蒸盘等，如表1–19所示。

表1–19　　成熟工具

种类		特点	用途	图示
烤盘	普通烤盘	呈长方形，常见规格为60厘米×40厘米，由白铁皮和铝合金材质制成，表面有不粘层	用于烘烤面食或糕点	
	法棍烤盘	烤盘上有装法棍的凹槽，每个槽中都有许多空洞	主要用于法棍的盛装、烘烤	

续表

种类		特点	用途	图示
烤盘	多连蛋糕烤盘	有6连、12连、24连蛋糕模具	用于纸杯蛋糕、磅蛋糕的烘烤	
蛋糕模		由不锈钢、铝合金等材质制成，多为圆形	用于蛋糕的成形烘烤	
吐司模具		由不锈钢、铝合金等材质制成，常见规格有450克、750克、1000克等	用于吐司面包的烘烤	
蒸盘		由不锈钢材质制成，盘中间带孔，传热快，能使制品成熟均匀	多用于蒸制品的成熟	

（六）裱花工具

裱花工具包括抹刀、裱花袋、转台、裱花嘴、裱花棒、裱花钉等，如表1–20所示。

表1–20　　裱花工具

种类	特点	用途	图示
抹刀	为不锈钢材质，无刃	用于面点夹馅或表面装饰涂抹	
裱花袋	有塑料和防油布两种材质	用于蛋糕裱花、点心装饰以及制品填馅	
转台	圆形，中间有轴，可以自由转动	用于蛋糕抹面、装饰	

续表

种类	特点	用途	图示
裱花嘴	为不锈钢材质，分多种型号	用于蛋糕裱花装饰、点心的成形等	
裱花棒	一头锥形，一头凹槽，根据花型的需要选用，利用手指可以使其自由旋转	用于裱花	
裱花钉	形似钉子，平面较大，用于裱花	韩式裱花专用	

（七）其他常见工具

面点制作中其他常见工具如表1–21所示。

表1–21 其他常见工具

种类	特点	用途	图示
饺匙子	又称馅挑，用牛肋骨或竹片制成，呈长条形	用于上馅	
散热网	由不锈钢材质制成的长方形丝网	用于成熟制品的散热	
隔热手套	采用耐热材料制成，中间夹入棉花，具有耐热功能	用于拿取加热后的烤盘、蒸盘等	

四、面点制作工具的使用与保养

面点制作工具种类较多，性能、特点、作用各不相同，生产者想要使各种工具在操作、使用中发挥良好的效能，就要掌握正确的使用方法，妥善地保管和养护各种工具。

（1）要将工具分门别类地存放在固定位置，不能随意乱放、乱用。其中，面杖工具、裱花袋等不能与刀具等利器放在一起，制作生、熟食品的工具和用具必须分开存放，分开使用，以避免交叉污染。

（2）使用金属工具、模具后要及时清洗并擦拭干净，以免生锈。

（3）面杖工具用后应及时擦拭干净，并放在较干燥的固定地点，以免面杖变形，表面发霉。

（4）电子秤等称量用具用后必须将秤盘、秤体擦拭干净，放在固定、平稳处。同时，要经常校准，保证其精确性。

（5）工具使用后，如果粘有油脂、奶油、蛋糊等原料，应用热水冲洗后擦干。

（6）用于制作直接入口制品的模具、工具要及时清洗，清洗干净后要将其浸泡在消毒水中，以免受微生物污染，尤其是裱花袋、裱花嘴等工具。

任务四　安全生产常识

学习目标

- 了解安全生产的基本常识
- 掌握实训室安全使用规程及卫生要求
- 掌握工具的安全使用

卫生和安全是保证厨房生产正常进行的前提。良好的卫生环境和安全管理不仅是饭店正常经营的必要保证，也是维持厨房秩序和节省额外费用的重要措施，因此厨房管理人员和操作人员必须意识到卫生和安全的重要性。

一、安全生产的基本常识

（一）安全生产的意义

为保护从业人员在生产过程中的安全与健康，预防伤亡事故，维护设备和工具的使用效能，确保生产的正常进行，保证制品质量，提高劳动生产率，获得最佳的社会效益、经济效益和环境效益，必须在从业人员中普及安全生产知识。

（二）安全生产的基本内容

面点制作行业的安全生产必须着重考虑安全技术和卫生技术两个方面的要求。

（1）安全技术是为了预防伤亡事故而采取的控制或消除危险的措施。

安全技术的基本内容主要有直接安全技术、间接安全技术和指示性安全技术三类。直接安全技术是指从生产加工设备的设计制造、加工工艺和操作方法等方面采取的安全技术措施。间接安全技术是指在直接安全技术不能完全实现安全时所采取的安全措施。指示性安全技术是指在有危险设备的现场，采用检测报警装置、警示标志等措施，警告、提醒操作人员，以便采取相对应的措施或紧急撤离。

（2）卫生技术是指将知识和技能应用于器械、程序和系统等，以解决卫生问题，提高工作效率。卫生技术的基本内容主要有厨房烟雾防治技术、防暑降温技术和照明技术等。

（三）安全生产的一般要求

（1）制订安全生产规章制度，主要包括安全生产责任制度、安全生产工作例会制度、安全生产检查制度、隐患整改制度、安全生产宣传教育培训制度、劳动防护用品管理制度、事故管理制度、岗位操作规程、企业消防安全制度等。

（2）提高从业人员的综合素质。积极宣传劳动安全知识，督促从业人员不断提高技术业务水平，使其自觉遵守各项劳动纪律和管理制度，遵守各工种的劳动技术操作规程，不违章作业，不冒险蛮干，爱护并正确使用生产设备、防护设施和防护用品。

（3）坚持安全监督与检查。严格执行安全生产隐患整改监察意见书和有关部门的整改指令，避免造成伤亡事故。

（4）提高安全防护水平。按国家有关规定配置安全设施和消防器材，设置安全、防火等标志，并定期检查、维修。

（5）提高对职业病的预测与预防能力。对从业人员进行定期体检，做到职业病早发现、早治疗。

二、实训室安全使用规程

（一）电的安全使用

（1）定期检查电气设备的绝缘状况，禁止带故障运行。

（2）防止电气设备超负荷运行，并采取有效的过载保护措施。

（3）设备周围不能放置易燃、易爆物品，应保证良好的通风。

（4）机械设备操作人员必须经过培训，掌握安全操作方法，有资质且有能力操作设备。

（5）电气设备的使用必须符合安全规定，特别是移动电气设备必须使用相匹配的电源插座。

（6）发现机器设备运转异常时必须马上停机，切断电源，查明原因并修复后才能重新启动。

（7）操作人员必须经过安全防火知识培训，会使用消防设施、设备。

（二）燃气设备的安全使用

面点成熟过程中常用的燃气有天然气、人工煤气和液化石油气，这些燃气易燃、易爆，且燃烧废气中都含有一氧化碳等有毒气体，因此燃气设备的正确安装及安全使用，对安全生产具有重要意义。

1.燃气设备的安装

（1）燃气设备必须安装在阻燃物体上，同时所安装的位置需便于燃气设备的操作、清洁和维修。

（2）燃气设备使用的压力表必须符合要求，且与使用的压力相匹配。

（3）燃气源与燃气设备之间的距离及连接软管长度必须符合规定。

2.燃气设备的安全使用

（1）燃气设备必须符合国家的相关规范和标准。

（2）人工点火时，要做到“以火等气”，不能“以气待火”，防止发生泄漏事故。

（3）凡是用明火加热的设备，在加热过程中必须有人看守。

（4）对燃气设备要按要求定期保养、检测。

（5）对于容易产生油垢或积油的地方，如排油烟管道等，必须经常清洁，避免着火。

三、实训室的卫生要求

（一）实训室的环境要求

（1）实训室干净、明亮，空气畅通，无异味。

（2）所有物品摆放整齐。

（3）机械设备、工具、工作台清洁到位，保证没有污物。

（4）保证地面在每次下课（或任务完成）后清扫干净。

（5）抹布用完后要清洗干净并晾干。

（6）冰箱内外要保持清洁、无异味，物品摆放要整齐。

（7）不得在实训室内存放私人物品。

（二）工作台的清洗方法

（1）将工作台上的面粉清扫干净。

（2）用刮刀将工作台上的面污、黏着物刮下并清理干净。

（3）用抹布或板刷将工作台上的黏着物清理掉，同时将污水、污物抹入水盆，绝不能使污水流到地面上。

（三）地面的清洗方法

（1）将地面扫净，倒掉垃圾。

（2）擦拭地面时，要注意擦工作台、机械设备、物品柜的下面，不能留死角。

（3）擦拭地面应采用“倒退法”，以免踩脏刚刚擦拭的地面。

四、工具的安全使用

（一）工具的材质要求

1. 塑料制品

塑料是一种以高分子聚合物树脂为基本成分，再加入一些用来改善其性能的添加剂制成的高分子材料。塑料制品在制造过程中添加的稳定剂、增塑剂、着色剂等含量超标时具有一定的毒性。食品包装常用PE（聚乙烯）、PP（聚丙烯）和PET（聚酯）塑料，因为这些塑料的性质比较稳定，安全性高。

塑料容器是面点制作中常用的容器，在使用中要注意可盛放食品的塑料容器与不可盛放食品的塑料容器的区别，以及可微波加热容器与不可微波加热容器的区别。正确区分塑料容器是保证食品安全的重要方面之一。

2. 金属容器

金属容器是指用金属薄板制造的容器，常用于密封、保藏食品，但有些金属容器在酸、碱、盐及潮湿空气的作用下易锈蚀，需要特别注意。例如，蜂蜜是酸性食品，不宜用金属容器保藏，因为酸性食品会与金属发生反应，使金属元素溶解于食品中，储存时间越长，金属元素溶出越多，食用的危害性越大，甚至可能引起中毒。

（二）工具的使用要求

1. 刀具的安全使用

刀具是最常用的工具之一，也是最容易发生事故的工具。刀具使用要注意：

（1）严禁在使用刀具时开玩笑或做不妥当的动作，防止事故发生。

（2）刀具应放在明显的地方，不要放在水中或案板下，以防发生割伤事故。

（3）根据加工对象选择合适的刀具，以减少劳动损伤。

2. 锅具的安全使用

锅具是进行熟制的主要器具，应根据不同的制品选择不同的锅具，在使用时要注意：

（1）使用前应认真检查锅柄是否牢固，避免发生意外。

（2）对于易生锈的锅具，应认真清洗，防止锈蚀物融于食物。

（3）加热过程中，操作人员不能离开，防止食物溢出熄灭燃气灶，进而造成事故。

3. 其他工具的安全使用

食品用具、容器的安全使用，是保证食品安全的重要环节。面点制作的工具、用具应做到一洗、二冲、三消毒。抹布应勤洗、勤换，不能一块抹布多种用途。

本项目介绍了面点基础知识、面点原料知识、面点制作的设备与工具，以及安全生产常识，使学生对面点基本理论有初步的认识。学生在学习过程中要重点掌握面点原料性质、作用及安全生产常识，了解中式面点的流派及其特点。

一、选择题

1. 中国早期面点发展的时间大约是（　　）。

A. 战国时期　　B. 商周时期　　C. 汉代时期　　D. 魏晋南北朝时期

2. 面点是“面食”和“点心”的总称，餐饮业中俗称为（　　）。

A. 面食　　B. 点心　　C. 红案　　D. 白案

3. 发酵技术在面点制作中的应用最早是在（　　）。

A. 汉代　　B. 魏晋南北朝时期

C. 隋唐五代时期　　D. 宋元时期

4. 我国面点根据地理区域和饮食文化大致形成了（　　）两大风味。

A. 南味、北味　　B. 京式、苏式　　C. 广式、川式　　D. 苏式、广式

5. 用料丰富，但以小麦粉为主要原料的是（　　）。

A. 京式面点　　B. 苏式面点　　C. 广式面点　　D. 川式面点

6. 千层油糕属于（　　）。

A. 京式面点　　B. 苏式面点　　C. 广式面点　　D. 川式面点

7. 珠江流域及南部沿海地区的面点风味属于（　　）。

A. 京式面点　　B. 苏式面点　　C. 广式面点　　D. 川式面点

8. 花式船点属于（　　）。

A. 京式面点　　B. 苏式面点　　C. 广式面点　　D. 川式面点

9. 可直接用于制作馒头、包子等发酵制品的面粉是（　　）。

A. 面包粉　　B. 糕点粉　　C. 自发粉　　D. 水饺粉

10. 用于制作糕团或粉团的米粉是（　　）。

A. 糯米粉　　B. 籼米粉　　C. 粳米粉　　D. 江米粉

11. 用途最广泛的食糖是（　　）。

A. 绵白糖　　B. 白砂糖　　C. 冰糖　　D. 红糖

12. 属于天然色素的是（　　）。

A. 焦糖　　B. 苋菜红　　C. 柠檬黄　　D. 苹果绿

13. 用于果酱、果冻的凝胶剂是（　　）。

A. 琼脂　　B. 明胶　　C. 果胶　　D. 橡胶

14. 泡打粉属于（　　）。

A. 膨松剂　　B. 着色剂　　C. 赋香剂　　D. 凝胶剂

15. 面点食品制作行业安全生产必须着重考虑（　　）和卫生技术两个方面的要求。

A. 安全技术　　B. 创造利润　　C. 顾客群体　　D. 面点师傅

二、判断题（正确的打“√”，错误的打“×”）

1. 高筋粉适合制作馒头、花卷、饼干等制品。（　　）

2. 碳酸氢钠呈碱性，受热不易分解。（　　）

3. 龙须面、“都一处”烧卖属于京式面点。（　　）

4. 翡翠烧卖、豌豆黄、萨其马属于广式面点。（　　）

5. 担担面、抄手属于川式面点。（　　）

6. 机械设备不能超负荷使用，应尽量避免长时间不间断运转。（　　）

7. 要选择着色力强、耐热、耐酸碱的水溶性色素，避免在人体内沉积。（　　）

8. 工具使用后，如果沾有油脂、奶油、蛋糊等原料，应用自来水冲洗后擦干。（　　）

9. 燃气源与燃气设备之间的距离及连接软管长度必须符合规定。（　　）

10. 刀具用完后可以随意摆放。（　　）

11. 加热过程中，操作人员不能离开，防止食物溢出熄灭燃气，造成事故。（　　）

12. 大理石工作台台面比木质工作台台面平整、光滑、散热性能好、抗腐蚀力强，是做糖活的理想工作台。（　　）

项目二　馅心原料

学　习　目　标

- **方法能力目标**

能触类旁通、举一反三地制作多种馅心。

- **专业能力目标**

掌握各种馅心调制的基本方法和技术关键。

- **社会能力目标**

能将各种馅心灵活地应用于制品制作，丰富面点品种。

项　目　导　读

馅心又称馅子，是利用不同制馅原料经过精心加工制成的能包入皮坯的馅子。面点馅心由于用料广泛、制法多样、调味多变而种类繁多。例如，按口味可分为咸馅、甜馅和咸甜馅；按所用原料性质可分为荤馅、素馅和荤素馅；按制法可分为生馅、熟馅；按原料的加工形态可分为丁、丝、片、泥、蓉等。

任务一　馅心基础知识

- 了解馅心的作用和特点
- 掌握馅心的制作要求

一、馅心的作用

馅心制作是面点制作中非常重要的一道工序。馅心与皮坯相比，皮坯的制作主要决定面点的色和形，而馅心则决定面点的口味和口感。有些馅心还起着点缀造型、增加色彩的作用。

1. 确定面点的口味

包馅面点的口味主要是由馅心来体现的。面点好吃或不好吃，通常以馅心的味道作为衡量的重要标准，尤其是一些以馅心为主的品种，如春卷、小笼包等，这些面点的口味主要取决于馅心的味道。

2. 使面点品种多样化

馅心不断变化，面点的特色也随之变化，这样就形成了丰富多样的面点。

3. 决定面点的档次

馅心往往决定了面点的档次。高档宴席中的面点品种通常是有馅的，而且馅心的成本通常占面点总成本的 60% 以上。同一面点品种，由于馅心用料不同，成本、档次也完全不同。例如，蟹黄小笼包和鲜肉小笼包完全是两个档次。

4. 美化面点的形态

馅心与面点的成形有着密切的关系。许多面点用馅心来做装饰，这些面点由于馅心的调配和装饰，显得格外美观。例如花色蒸饺，在其生坯做成以后，配以各色馅心，如绿色的青菜、橘黄色的胡萝卜、黄色的蛋黄、白色的蛋白、红色的火腿等，使制品鲜艳美观。

5. 形成面点的特色

各种面点的特色虽与坯料、加工和成熟方法有关，但馅心往往可以起到烘托作用，有时甚至可起到决定性作用。例如广式面点馅心的用料十分广泛，形成了制作精细、口味清淡、鲜嫩滑爽的风味特色，如虾饺、粉果、叉烧包等；苏式面点馅心口味浓、色泽深，馅心汁多肥美；京式面点中的肉馅多为水打馅，吃口松嫩。

二、馅心的特点

1. 取材广泛，选料讲究

面点馅心的用料范围非常广泛。广义上说，一般可以用来制作菜肴的原料都可以用来调制面点的馅心。

2. 加工严谨，制作精细

馅心制作工艺复杂、技术性强、制作要求高。制作馅心时，必须了解制品在口味成形、成熟等方面的要求，考虑与制品的质、味、香、色、形各个方面的配合，否则制出的馅心难以符合要求。

3. 品种丰富，口味多样

中式面点品种繁多、口味多样的一个主要因素就是馅心富于变化。从馅心用料上看，既有动物性原料，也有植物性原料；既有新鲜原料，也有干货原料。

4. 皮馅配合，各有特色

在面点制作中，皮坯的软硬程度和馅心是密切配合的，软皮配软馅，硬皮配硬馅。馅心的形状、大小也是与皮坯相互配合的。

三、馅心的制作要求

1. 严格选料，正确加工

用于面点馅心的原料多而杂，各种原料的性质不同，即使同类、同种原料的质量也有差异。因此，应根据制品的要求严格选料，如做肉馅要选用新鲜的肉类，这样才能够达到肉嫩、鲜香、爽口、吃水量大的要求。

原料加工方法应正确，如制作豆沙馅时，红豆要冷水下锅，旺火烧开（事先不能浸在水中），小火焖烂，这样红豆出沙率才高，炒制后较为细腻。

2. 根据面点制作要求，确定馅心的口味

面点不同于菜肴，一般是单独食用的，而且很多品种的馅心大，因此吃面点在某种意义上来说就相当于吃馅心。面点成熟过程中，馅心要失去一部分水分，口味转向浓厚，因此制作馅心时，馅心的口味一般要调制得比菜肴淡一些。

3. 正确掌握馅心的水分和黏性

制作馅心时，水分过多，黏性就偏小；水分过少，黏性偏大，馅心干硬。二者都会直接影响面点的口感。因此，馅心的水分和黏性要适当。在调制过程中，水分多的生菜馅通常要挤去水分，还要加入油、鸡蛋等以增加黏性；生肉馅中水分少、黏性足，因此通常需要加水或掺皮冻调制。

4. 馅心的配料比例要恰当

鲜美的馅心来源于合理地选用原料，调制各种馅心所需的原料少则几种，多则十几种，必须根据原料的性质和制品的要求合理地配比。如广式粉果馅，调制时需要加油、汤、生粉等，配料比例既不能多，也不能少。

5. 根据面点的造型特点制作馅心

面点成形后的形态丰富多样，各具特色，这与丰富多样的馅心有着密切的关系。软硬适当的馅心可以使面点成熟后的形态不走样、不坍塌。

6. 根据原料性质，合理投放原料

用于制馅的原料很多，但它们的性质却各不相同，只有正确使用这些原料，才能使馅心味美可口。否则，可能影响馅心的口味质感。

任务二　常用馅心的制作

- 了解常用馅心的种类
- 掌握常用馅心的制作方法

实训案例一　猪肉馅

一、原料

猪肉500克，姜末5克，酱油50克，花椒粉2克，蚝油15克，味精5克，食盐5克，葱花30克，香油20克，色拉油50克，骨汤或水200克。

二、制作过程

（1）将猪肉剁成蓉，加入姜末、酱油、花椒粉、蚝油、味精、食盐拌匀，腌渍入味。

（2）将骨汤或水分3～5次加到猪肉蓉中，每加一次都要顺着同一方向搅拌上劲，直至猪肉蓉吃足水分，软硬合适。

（3）在吃足水分的猪肉蓉中加入香油、色拉油、葱花拌匀即可。

三、技术关键

（1）要选择三肥七瘦的猪肉。

（2）猪肉蓉一定要腌渍入味，充分发挥出调味品的作用。

（3）骨汤或水一定要少量多次加入。

（4）葱花要最后拌入，以保持葱香味。

四、成品特点

咸鲜适口，滑嫩多汁。

实训案例二　牛肉馅

一、原料

牛肉500克，苏打粉5克，食盐10克，胡椒粉5克，料酒15克，酱油70克，味精15克，香油25克，白糖30克，色拉油15克，葱花、姜末各15克，骨汤或水200克。

二、制作过程

（1）将牛肉洗净，去除筋膜后剁成蓉。

（2）将苏打粉、食盐、胡椒粉、料酒、酱油、味精、白糖、姜末加入牛肉蓉中拌匀，腌渍5～10分钟。

（3）在腌渍好的牛肉蓉中分3～5次加入骨汤或水，每加一次都要顺着同一方向搅拌上劲。

（4）在牛肉蓉中加入香油、色拉油、葱花拌匀即可。

三、技术关键

（1）牛肉宜选用里脊肉或上脑肉。

（2）骨汤或水一定要少量多次加入。

（3）与蔬菜搭配时，尽量选用可去腥增香的蔬菜。

四、成品特点

滑嫩有弹性，咸鲜多汁。

实训案例三 鲜虾馅

一、原料

生虾肉400克，猪肥膘100克，胡萝卜70克，猪油70克，鸡精10克，香油5克，胡椒粉2克，白糖15克，食盐15克，生粉5克。

二、制作过程

（1）将生虾肉洗净，用干毛巾吸干鲜虾肉的水分后用刀背将生虾肉剁成蓉。

（2）猪肥膘入开水锅，烫至刚熟，捞出用冷水清洗，晾凉后切粒备用；胡萝卜切细丝，放少许食盐，回软后与猪油拌匀备用。

（3）将鲜虾肉蓉与生粉拌匀后加入食盐，搅打至起胶状时，加入白糖、鸡精、香油、胡椒粉、猪肥膘粒拌匀，再与胡萝卜丝拌匀即可。

三、技术关键

（1）必须先将鲜虾肉蓉拌成胶状，再与猪肥膘粒混合。

（2）鲜虾馅忌葱、姜、黄酒，否则馅心绵软不爽口。

（3）鲜虾馅冷藏后再用，以便包捏。

四、成品特点

馅心呈胶质状，黏合度好，色彩鲜艳，爽口有弹性。

实训案例四 叉烧馅

一、原料

叉烧肉500克，水淀粉30克，白酱油20克，红酱油15克，香油10克，白糖500克，猪油50克，蚝油20克，胡椒粉1克。

二、制作过程

（1）将叉烧肉切成指甲大小的丁备用。

（2）将水烧开后加入红酱油、白酱油、猪油、蚝油、白糖、胡椒粉，大火煮出香味，淋入水淀粉勾芡，制成叉烧肉包浆料。

（3）叉烧肉包浆料冷却后，倒入香油、叉烧肉丁拌匀即可。

三、技术关键

（1）烧煮调味料时，煮出香味即可，切忌烧煮时间过长以致口味变化。

（2）芡汁浓度要适中。

（3）叉烧肉要切得大小均匀，以便入味及成形。

四、成品特点

松滑甘香，鲜美可口。

实训案例五 三丁馅

一、原料

猪肋条肉400克，鸡脯肉100克，竹笋100克，酱油70克，食盐5克，鸡精8克，胡椒粉5克，香油4克，白糖18克，猪油100克，水淀粉20克，葱段、姜段各15克，葱末、姜末各10克等。

二、制作过程

（1）将猪肋条肉、鸡脯肉洗净汆水，然后放入汤锅内，加入葱段、姜段及适量清水，煮至七成熟，捞出晾凉；竹笋汆水后晾凉。

（2）将猪肋条肉切成边长约为0.7厘米的丁，鸡脯肉切成边长约为0.8厘米的丁，竹笋切成边长约为0.5厘米的丁，即成“三丁”。

（3）炒锅上火，猪油加热熔化后加入葱末、姜末，煸炒出香味，加入“三丁”煸炒，加入酱油、食盐、白糖、适量鸡汤或肉汤，熬煮至上色、入味。再加入鸡精、胡椒粉、香油，用大火收汁，加入水淀粉勾芡，拌匀，待“三丁”充分吸收卤汁后盛出晾凉即可。

三、技术关键

（1）鲜竹笋中含有单宁物质，必须先焯水。

（2）“三丁”大小要符合规格。

（3）芡汁浓度要适中。

四、成品特点

“三丁”颗粒均匀，馅心软中有脆，肥而不腻。

实训案例六 猪肉梅干菜馅

一、原料

梅干菜250克，猪腿肉250克，猪油100克，绍酒25克，酱油100克，味精15克，白糖150克，食盐10克，葱末、姜末各20克，水淀粉20克。

二、制作过程

（1）将梅干菜洗净，用热水浸泡5～6分钟后捞出挤干水分，切成碎末。

（2）将猪腿肉切成黄豆粒大小的丁。

（3）将猪油加热熔化后加入葱末、姜末炒香，加入猪腿肉丁煸炒，加入梅干菜碎末继续煸炒，加入绍酒、酱油、白糖、味精、食盐等用大火烧开，然后转小火焖至卤汁即将收干，此时加入水淀粉勾芡，拌匀即可。

三、技术关键

（1）梅干菜必须用热水充分浸泡，去除咸、涩味。

（2）要用小火长时间焖煮，直至入味再勾芡。

四、成品特点

咸中带甜，香润可口，油而不腻。

实训案例七 雪菜冬笋馅

一、原料

雪菜400克，冬笋200克，酱油70克，白糖100克，猪油300克，葱末、姜末各20克。

二、制作过程

（1）将雪菜择洗干净后放入清水浸泡，去除咸味，然后切末，挤干水分备用。

（2）将冬笋去除老皮，入沸水氽烫，冷水冲凉，切丁。

（3）炒锅上火，放入猪油、葱末、姜末略煸炒，放入冬笋丁、酱油、白糖煸炒后加清水煮沸，最后放入雪菜，用小火焖约10分钟，待卤汁被充分吸收后，起锅冷却即可。

三、技术关键

（1）雪菜必须充分浸泡，去除咸味。
（2）雪菜喜糖、油，在制馅时，这两种调味品可多放一点。

四、成品特点

鲜嫩翠绿，香润可口。

实训案例八 莲蓉馅

一、原料

莲子500克，白糖750克，猪油150克等。

二、制作过程

（1）莲子洗净，浸泡3～4小时，将莲子芯取出。将去芯后的莲子蒸至松软，用手轻轻一捏就成泥状时下屉。

（2）将蒸好的莲子倒入食品加工机，加少许水，搅打成莲蓉。

（3）锅内放部分猪油烧热，加白糖炒至金黄色，倒入莲蓉，用中火不停翻炒，并分多次加入剩余的猪油，待水分炒干，莲蓉变稠，改用文火炒至莲蓉稠厚、不粘锅、色泽金黄油润，盛出用熟猪油盖面即可。

三、技术关键

（1）莲子一定要去芯。
（2）炒莲蓉时最好用不锈钢锅，保证色泽纯正。
（3）制作莲蓉馅时，不用炒糖色，可将糖和莲蓉一起下锅。

四、成品特点

香甜嫩滑，有莲子香味。

实训案例九 白糖馅

一、原料

白糖500克，熟粉250克，色拉油100克，熟芝麻40克，青、红丝少许。

二、制作过程

（1）熟粉擀碎过筛，熟芝麻擀碎，青、红丝切末。

（2）将白糖，熟粉，熟芝麻碎，青、红丝末混合均匀，加入色拉油拌匀即可。

三、技术关键

（1）熟粉一定要过筛。

（2）色拉油加入后一定要拌匀。

四、成品特点

香甜适口。

实训案例十　五仁馅

一、原料

熟粉500克，水100克，白砂糖200克，蜂蜜30克，麦芽糖135克，香油10克，色拉油160克，熟花生仁120克，熟黑芝麻50克，熟核桃仁50克，熟杏仁50克，金橘100克，蔓越莓干50克，青丝、红丝共30克，玫瑰酱100克，冬瓜糖80克，葡萄干100克。

二、制作过程

（1）将大块坚果切碎备用。

（2）将熟粉、白砂糖、金橘、蔓越莓干、青丝、红丝、冬瓜糖、葡萄干、熟花生仁、熟黑芝麻、熟核桃仁、熟杏仁混合拌匀，再加入水、蜂蜜、麦芽糖、色拉油、香油、玫瑰酱拌匀即可。

三、技术关键

（1）一定要用熟粉，否则馅会起劲。

（2）要将干料拌匀后再加入湿料。

四、成品特点

香甜适口。

实训案例十一 奶黄馅

一、原料

鸡蛋300克，白砂糖180克，牛奶180克，淡奶油120克，黄油90克，中筋面粉75克，澄粉75克，奶粉60克。

二、制作过程

（1）鸡蛋加入白砂糖用打蛋器搅打均匀，然后加入牛奶和淡奶油搅匀。

（2）加入过筛后的中筋面粉、澄粉、奶粉，搅拌均匀。

（3）加入黄油拌匀。

（4）隔水加热，边加热边搅拌，直至呈泥蓉状即可。

三、技术关键

（1）配料比例要准确。

（2）粉料一定要过筛。

（3）隔水加热可使搅拌时的温度可控，以免结块。

四、成品特点

色泽鲜亮，甜香软滑，有奶香味。

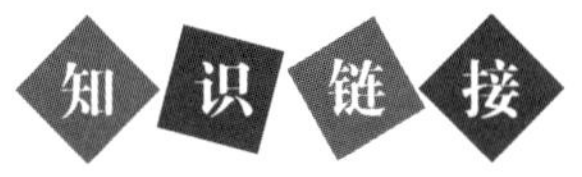

皮冻的制作方法

皮冻也叫“皮汤”，简称“冻”。常用的皮冻有两种。

（1）用鸡肉、猪肉、鸡爪、猪爪、猪蹄等富含胶原蛋白质的原料制成。其制作方法是将原料与水以1：3的比例熬煮，待原料软烂后端锅离火，将原料捞出，待汤冷却凝结即可。这种冻可以直接用来做馅，如扬州汤包的馅心就是用这种冻做的。这种皮冻的汤汁鲜美、味道醇厚，但成本较高。

（2）用肉皮熬制而成。其制作方法是除掉肉皮上的猪毛和肥膘，整理洗涤干净后，加水熬煮，至手指能捏碎肉皮时捞出，然后将肉皮用绞肉机绞碎或用刀剁成末，再放入原汤锅内加葱段、料酒、姜块，用小火慢慢熬煮，并不断舀去浮起的油污，直至呈黏糊状，盛入洁净的容器内冷却（最好过滤一下）凝结成皮冻。使用这种方法制作的皮冻，肉皮与水的比例一般为1∶3，即500克肉皮加1500克水，可按气候变化适当增减加水量，夏天少放一些水，制成硬冻；冬天可多放一些水，制成软冻。

制馅干货原料的涨发

干货涨发处理是根据制馅的目的和要求，采用一定的方法使干货原料吸水回软，从而达到制馅要求的过程。常用的涨发方法有水发（分冷水、热水、温水）、碱发、煮发、蒸发等。

常用干货原料涨发的处理方法如下。

（1）香菇：将香菇放入无油的容器中，倒入热水浸泡至全部回软时捞出，剪去老根，洗去泥沙和杂质，另换清水浸泡备用。浸泡香菇的水可用于调馅。

（2）木耳：一般用冷水或者温水直接泡发，泡软后去除根蒂，洗去杂质，更换干净的清水浸泡备用。

（3）黄花菜：用温水泡软后捞出，择净顶部硬梗，洗去杂质，再放入冷水中浸泡备用。

（4）梅干菜：用热水浸泡2～3小时，捞出后去除菜头，清洗干净，再用热水浸泡发透、烫去涩味，挤干水分备用。

（5）马齿菜：将马齿菜洗净、去除杂质，用温水浸泡1小时左右，捞出挤干水分即可使用。

项目小结

本项目任务一介绍了制作面点馅心的作用、特点及要求，可使学生了解制作馅心的基础知识；任务二介绍了猪肉馅、鲜虾馅、猪肉梅干菜馅、五仁馅、奶黄馅等不同馅心的制作方法、技术关键等，可使学生掌握制作常见馅心的基本方法和要求。

项目测试

一、选择题

1.鲜竹笋含有较多的（　　），故食用时要先焯水。

A.碳酸　　B.植物碱　　C.草酸　　D.单宁物质

2.馅心按所用原料性质不可分为（　　）。

A.荤馅　　B.素馅　　C.生馅　　D.荤素馅

3.夏天制作皮冻时，每1000克肉皮中应加入清水（　　）克。

A.500～1000　　B.1000～1500　　C.1500～2000　　D.2000～2500

4.制作甜馅的原料形态一般以（　　）为好。

A.整粒　　B.细碎　　C.大丁　　D.粗粒

5.用干果原料做甜味馅心时，对干果的加工只能（　　）。

A.碾碎　　B.轧碎　　C.剁碎　　D.切碎

6.制作猪肉馅应选用（　　）部位最合适。

A.前夹心肉　　B.后夹心肉　　C.腿心肉　　D.里脊肉

7.涨发香菇，最好用（　　）浸泡。

A.冷水　　B.温水　　C.热水　　D.沸水

8.由于生肉馅水分少、黏性足，调制时通常要加入（　　）。

A.水或者皮冻　　B.油　　C.面粉　　D.糖

二、判断题（正确的打“√”，错误的打“×”）

1.青菜做馅时，都要先焯水，并且要挤干水分。（　　）

2.猪肉馅一定要选择精肉制馅，吃水效果好。（　　）

3.俗称的“三丁”一般指猪肉丁、鸡肉丁和竹笋丁。（　　）

4.拌制雪菜肉馅时，可以适当多放一点糖、油。（　　）

5.拌制青菜馅时，加入油、鸡蛋的目的主要是增加黏性。（　　）

6.使用白菜制馅时，要在用食盐腌制后进行去水处理，否则会导致馅心吐水。（　　）

7.馅心可以美化面点品种的形态。（　　）

8.馅心决定面点的香味和口感。（　　）

项目三　水调面团制品

学　习　目　标

● **方法能力目标**

掌握水调面团的性质、调制方法及形成原理。

● **专业能力目标**

掌握水调面团制品的制作方法及技术关键。

● **社会能力目标**

将所学灵活运用于生活实践，推动水调面团制品及其制作方法的发展与创新。

项　目　导　读

水调面团主要由面粉和水混合调制而成。水调面团具有组织严密、质地坚实、内无蜂窝孔洞、不膨胀的特点，又称为“呆面”“死面”。但水调面团有弹性、韧性和可塑性，水调面团制品爽滑、筋性强、不疏松。根据面团调制时所用水温的不同，水调面团分为冷水面团、温水面团和热水面团三种。

任务一　冷水面团制品

实训案例一　水饺

水饺在古代称为角子、骄子。三国时期魏人张揖所著的《广雅》一书中就提到，当时已有形如月牙的“馄饨”。到南北朝时，“馄饨”形如“偃月，天下通食”。大约到了清朝，过年吃饺子这种习俗已经十分广泛，并固定下来。清朝有关史料记载：“元旦子时，盛馔同离，如食扁食，名角子，取其更岁交子之义。”饺子是中国传统的特色食品，也是备受喜爱的民间小吃。

一、实训目标

（1）了解冷水面团的性质。

（2）学会水饺的制作方法。

（3）掌握水饺的成熟方法。

二、实训准备

原料	皮坯：高筋面粉150克，冷水75克，食盐2克。 馅心：猪肉馅150克，骨汤40～60克，食盐、味精、蚝油、色拉油、花椒粉、香油、葱花、姜末、酱油各适量
工具	煮锅、擀面杖、饺匙子、漏勺等

三、实训步骤

（1）在高筋面粉中加入食盐、冷水，搅拌揉成面团，盖上干净的湿布醒发。

（2）在猪肉馅中加入花椒粉、姜末、食盐、味精、蚝油拌匀，分多次加入酱油搅拌，腌渍15分钟以上，再分多次加入骨汤搅拌至黏稠，最后加入香油、色拉油、葱花拌匀，制成馅心。

（3）将醒好的面团搓条，下18个剂子，擀成圆皮，放入馅心后用挤捏的手法包捏成形。

（4）煮锅内加清水烧开，投入水饺生坯，煮熟即可。

水饺制作关键工艺流程如图3–1所示。

（1）揉面

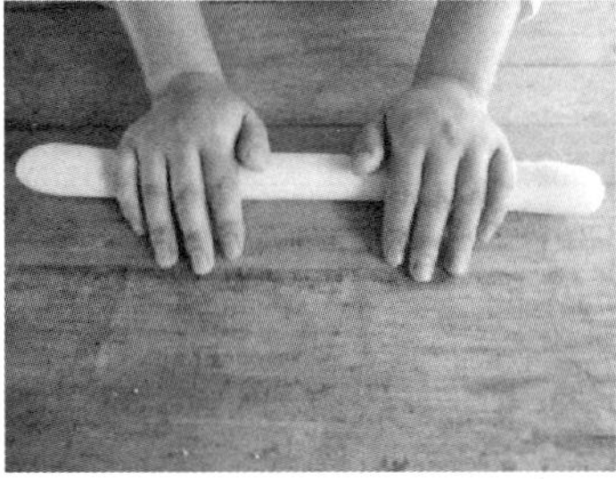
（2）搓条

（3）按剂

（4）擀皮

（5）成形

（6）成品（彩图1）

图3–1　水饺制作关键工艺流程

四、技术关键

（1）最好选用高筋面粉制面皮，和好的面要进行醒发。

（2）包入的馅心重量要一致。

（3）煮制时水面要宽，水沸腾后再下生坯，不要煮过火。

五、成品特点

个头均匀，形态美观，皮薄馅大，不破不漏，鲜香不腻。

六、考核要点及评分标准

<table>
<tr><td colspan="3">考核内容：水饺</td></tr>
<tr><td>考核时间：45分钟</td><td colspan="2">制品规格：皮12克，馅18克</td></tr>
<tr><td>考核数量：18个</td><td colspan="2">考核形式：个人操作</td></tr>
<tr><td>考核要点</td><td>配分（分）</td><td>得分（分）</td></tr>
<tr><td>面团软硬适度</td><td>20</td><td></td></tr>
</table>

续表

考核要点	配分（分）	得分（分）
馅心口味准确，鲜香不腻	30	
操作手法正确，干净利落	25	
形态美观，皮薄馅大，不破不漏	25	
合计	100	

钟水饺的制作

1. 原料

面粉250克，红油辣椒5克，蒜泥50克，猪肉250克，姜汁15克，复制酱油100克，胡椒粉1克，食盐2克，味精1克，香油 50克，花椒水适量等。

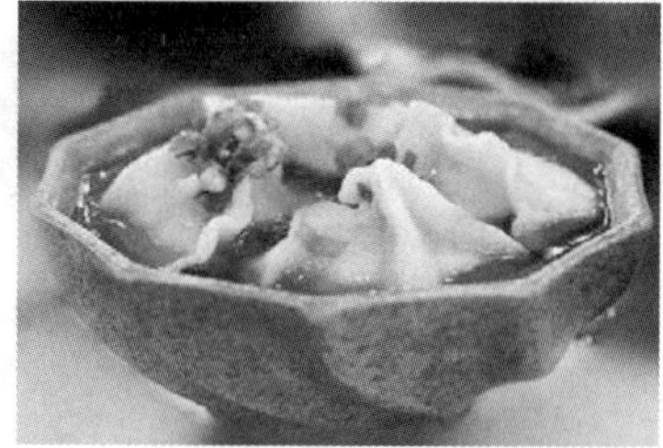

图3–2 钟水饺

2. 制作过程

（1）猪肉洗净去筋，用刀背捶成蓉，加入食盐和适量清水，搅拌直至水分全部被猪肉蓉吸收，然后加入姜汁、花椒水、胡椒粉、复制酱油、味精，搅拌至黏稠状即成馅心。

（2）将面粉置于案上，使成“凹”字形，加清水100克调成面团，放置10分钟后将面团搓条，下剂，将每个剂子按扁，擀成圆皮。

（3）取一张圆皮，放上馅心，将圆皮对叠成半月形，用力捏合即成钟水饺生坯。

（4）清水煮沸，放入钟水饺生坯，随即用勺推动，以防粘连，水沸后加入少量冷水，再次煮沸，待饺皮鼓起、发亮即熟。

（5）钟水饺煮熟后捞出，沥干水分，摆盘，淋上少许香油、蒜泥、红油辣椒即可，如图3–2所示。

3. 技术关键

（1）馅心必须搅拌上劲，以免馅心澥水。

（2）钟水饺入锅后要及时推动，防止粘连。

（3）碗内汤汁不宜多，以免风味不突出。

（4）调味要准，要突出蒜泥味，红油要适量。

备注：复制酱油调制方法：将红糖250克入锅熔化，至能拔丝时加入酱油1000克拌匀，放入香料袋熬至颜色红黑、质地黏稠，加入味精10克和口蘑酱油、白色酱油各250克，拌匀即可。

4. 成品特点

形如月牙，皮薄味美，有突出的蒜泥香味。

冷水面团调制方法

冷水面团是用30摄氏度以下的冷水调制而成的面团。其调制方法是：先将面粉倒在案板上（或盛器内），在面粉中间扒出圆坑，加入冷水，从四周向里慢慢抄拌，至面絮呈雪花片状（或称麦穗状）后，用力反复揉搓成面团，揉至面团表面光滑、有筋性，盖上一块洁净湿布，放置一段时间（即醒面）备用。

冷水面团的特点

冷水面团的筋性好、韧性强、质地坚实、劲力大、延伸性强。冷水面团制品色白、滑爽而有筋力。

调制冷水面团的技术关键

（1）水温适当。必须使用冷水调制，才能保证冷水面团的特点，冬季调制时，可用稍温的水（水温在30摄氏度以下）；夏季调制时，可在水中放些冰块，以降低水温，必要时可掺入少量食盐，以增加面筋的强度和弹力，并促使面团组织紧密、色泽洁白。

（2）掌握好掺水比例。一般要分多次掺入冷水，掺水量根据制品需要而定。用于制作水饺时，面粉与水的比例为1∶0.4～1∶0.45；用于制作刀削面时，面粉与水的比例为1∶0.3～1∶0.35；用于制作抻面时，面粉与水的比例为1∶0.5～1∶0.6；用于制作春卷时，面粉与水的比例为1∶0.7～1∶0.8。影响掺水量的因素很多，很难做统一的规定，因此需要根据具体情况灵活运用。

（3）使劲揉搓。在和面时，将面粉抄拌成雪花片状的面絮后，要用力揉搓，以使面团质地均匀，面团表面光滑，不粘手。有些特殊品种如抻面、春卷皮，要求面团调制得均匀细腻。

（4）醒面。面团调制好以后，一定要盖上洁净的湿布，放置一段时间，这个过程叫作“醒面”。这是保证面团质量的一个重要环节。醒面的主要作用是使面团中未吸足水分的粉粒充分吸收水分，这样面团中就不会夹有小硬粒或小碎片，使面团质地均匀，进而提高面团的弹性和光滑度。醒面时间一般为10～15分钟，有时也可达到30分钟左右。醒面时，必须加盖湿布，以免面团表面结皮。

实训案例二　馄饨

馄饨是传统风味小吃，其以面团经擀压、折叠后切成梯形或三角形面皮，包入以猪肉为主料制成的馅心，经煮制而成。

一、实训目标

（1）学会馄饨的制作方法。

（2）掌握馄饨的成形方法。

（3）掌握馄饨的成熟方法。

二、实训准备

原料	皮坯：面粉200克，冷水75克，食盐适量，干淀粉适量。 馅心：肉馅100克，花椒粉、酱油、葱花、姜末、味精、食盐、蚝油、香油、色拉油、水各适量。 汤底：紫菜、香菜、虾皮各适量，食盐、味精各少许，高汤适量
工具	煮锅、长擀面杖、面刀、案板、筷子、漏勺等

三、实训步骤

（1）在面粉中加入食盐，用冷水制成稍硬的面团，盖上干净的湿布醒发15分钟左右。

（2）在肉馅中加入花椒粉、姜末、食盐、味精、蚝油拌匀，分多次加入酱油，搅拌均匀，再加入少许水搅至黏稠，最后加入葱花、香油、色拉油，拌匀即成馅心。

（3）将醒好的面团用长擀面杖先横竖擀压一遍，使面团成长方片，再撒上干淀粉，将长方面片卷在长擀面杖上，双手同时用力推动长擀面杖向前滚压，每擀压一次，调整一下长擀面杖的位置，如此反复，直至将面片擀压得薄如纸，然后将面片切成约8厘米宽的长方片，一层一层叠起（每层之间要撒干淀粉），切成三角形面皮（也可切成梯形或正方形）备用。

（4）一只手托皮，另一只手用一根筷子将馅放在皮的一端并转动筷子向前卷起，再将面皮两侧对粘，即成馄饨生坯。

（5）准备一个大碗，放入紫菜、虾皮、食盐、味精，兑入高汤备用。

（6）清水烧开后，将馄饨生坯下锅，用手勺向前推动荡开，煮熟捞出，放入大碗中，可以在上面放少量香菜用来点缀。

馄饨制作关键工艺流程如图3-3所示。

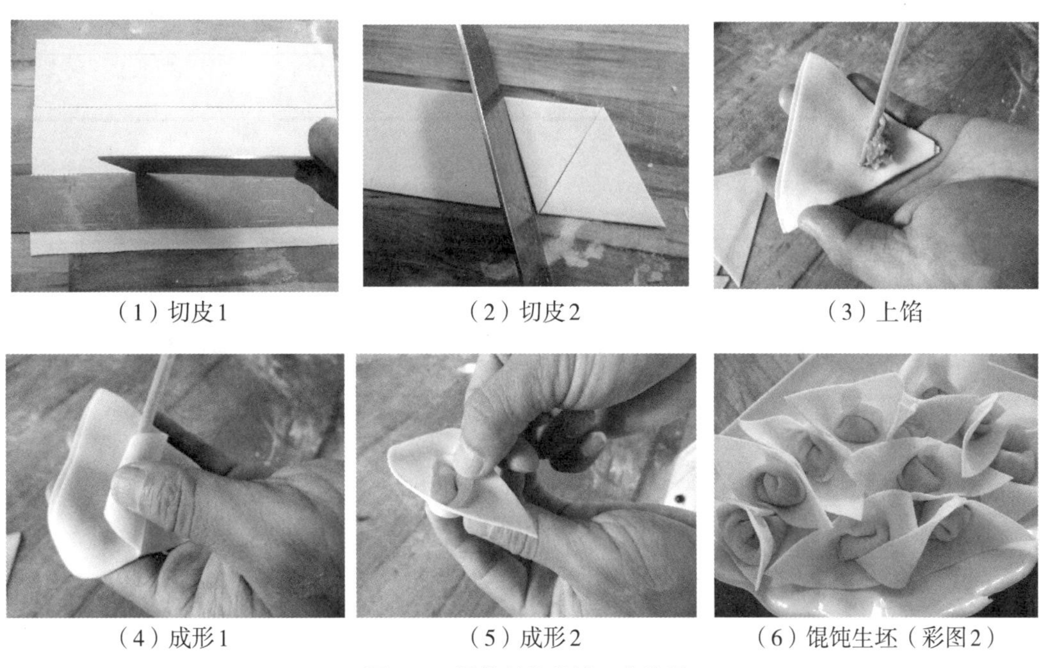

（1）切皮1　（2）切皮2　（3）上馅

（4）成形1　（5）成形2　（6）馄饨生坯（彩图2）

图3-3　馄饨制作关键工艺流程

四、技术关键

（1）掌握好面粉与水的比例。

（2）面片要擀得薄厚均匀，在擀制过程中要及时在面片上撒干淀粉，防止粘连。

（3）馄饨煮熟后应立即捞出。

五、成品特点

大小均匀，形似猫耳，皮薄馅嫩，汤鲜味香。

六、考核要点及评分标准

考核内容：馄饨		
考核时间：60分钟	制品规格：1碗	
考核数量：18个	考核形式：个人操作	
考核要点	配分（分）	得分（分）
面团软硬适度	20	
口味鲜而不腻	30	
操作手法正确，干净利落	25	
皮薄馅嫩，不破不漏	25	
合计	100	

炸酱面的制作

1.原料

面粉400克，冷水140克，猪肉馅30克，黄瓜50克，大酱50克，食盐、干淀粉、姜末、葱花、植物油、味精各适量等。

图3–4　炸酱面

2.制作过程

（1）在面粉中加入食盐，用冷水制成稍硬的面团，盖上干净的湿布醒发。

（2）将醒好的面团擀成片，撒上干淀粉，折叠成4～5厘米宽的扇褶状，切成宽窄均匀的条，备用。

（3）起锅加入植物油烧热，加入姜末煸炒，加入猪肉馅继续煸炒，放入大酱煸炒后加入味精、葱花炒至成熟，盛出备用。

（4）另起锅放入水烧开，放入面条，煮至成熟捞出，用冷水过凉后盛入碗内。

（5）将黄瓜洗净，切成丝，码在面条上，将炒好的酱浇在黄瓜和面条上即可，亦可加少许香菜提味，如图3–4所示。

3. 技术关键

（1）掌握好面粉与水的比例。

（2）切条要均匀。

（3）掌握好煮制方法与时间。

4. 成品特点

面条爽滑筋道，不断条，酱香浓郁。

煮的技术关键

（1）用水量要大，下锅的生坯数量要恰当。煮制时的用水量关系到水温的保持和生坯的受温情况。水量多，生坯下锅后的温差变化相对较小；水量少，生坯下锅后的温差变化较大，不利于成熟。下锅的生坯数量要根据用水量进行调整，以使生坯在水中有翻动的余地，使之受热均匀。

（2）水要沸而不腾，保证制品质量。生坯下锅煮沸后，火力不能减小，否则制品口感不爽，质量降低，但如继续保持火力，水会不断翻腾，这易使制品出现破皮等现象。因此，水沸后要保持"水沸而不腾"是关键。此时应采用"点水"方法，即在水沸后加入少许冷水。"点水"不但能加快制品的成熟速度，而且能使糊化后的制品因突然遇冷而形成光亮有筋力的表面。一般来说，每煮一锅，要点三次水，特别是带肉馅的制品。

（3）根据制品特点确定煮制方法。煮制的方法多样：有先煮汤汁，再煮配料的；也有先将水烧开，再煮配料的；还有将汤汁、水连同主、配料一起或分步骤放入锅中煮的。具体操作时要根据原料的特点和制品的要求确定煮制的方法。

（4）鉴定成熟，及时起锅。煮制面点应及时鉴定制品是否成熟，一旦制品完全成熟，应立即出锅。过分煮制会影响制品的造型和口感，如面条过分煮制会变得糊烂，水饺过分煮制则会破裂、露馅。但也不能过早出锅，以免夹生。

实训案例三　搅面馅饼

北京最有名的馅饼店“馅饼周”至今已有100多年的历史。现在“南来顺”制作的馅饼也很有名气，他们的馅饼用很软的面制成，包好后看不出有收口的地方，没有高超的技术很难做到这一点。

一、实训目标

（1）学会搅面馅饼的制作方法。

（2）了解软面团的质量标准。

（3）掌握搅面技法。

二、实训准备

原料	皮坯：面粉200克，冷水120克，食盐。 馅心：猪肉馅200克，芹菜200克，花椒粉、食盐、香油、色拉油、酱油、姜末、葱花、味精各适量
工具	电饼铛、筷子、饺匙子等

三、实训步骤

（1）在面粉中加入食盐，分次加入冷水，用筷子顺着一个方向搅成光滑的软面团，盖上保鲜膜醒面。

（2）芹菜剁碎，去除菜汁，备用；在猪肉馅中加入花椒粉、姜末、食盐、味精拌匀，分多次加入酱油拌匀，加入芹菜碎拌匀，最后加入葱花、香油、色拉油拌匀即成馅。

（3）将醒好的面下剂（12个），取一个剂子，拍扁成皮，左手托皮，右手上馅，向上收拢制成搅面馅饼生坯。

（4）电饼铛烧热，放入搅面馅饼生坯，将之按成饼状，底部出饼花后，翻面、刷油，两面烙熟后取出，对半切开装盘。

搅面馅饼制作关键工艺流程如图3-5所示。

（1）和面

（2）搅面

（3）下剂

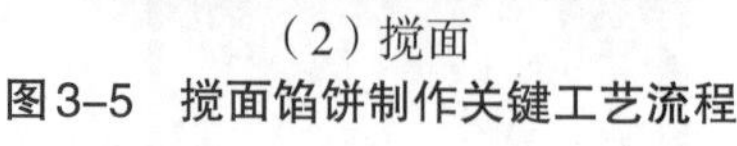

图3-5　搅面馅饼制作关键工艺流程

（4）上馅

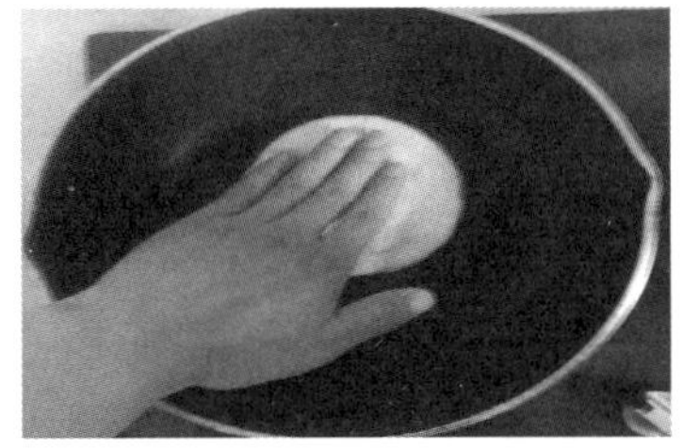
（5）成熟

（6）成品（彩图3）

图3–5　搅面馅饼制作关键工艺流程（续）

四、技术关键

（1）必须是软面团。

（2）馅心不要掺水或掺冻。

（3）包入的馅心分量要一致，收口要小。

（4）火候要适宜，翻面要及时。

五、成品特点

皮薄馅大，不破不漏，鲜香适口。

六、考核要点及评分标准

<table>
<tr><td colspan="3">考核内容：搅面馅饼</td></tr>
<tr><td>考核时间：45分钟</td><td colspan="2">制品规格：皮25克，馅50克</td></tr>
<tr><td>考核数量：4张</td><td colspan="2">考核形式：个人操作</td></tr>
<tr><td>考核要点</td><td>配分（分）</td><td>得分（分）</td></tr>
<tr><td>面团软硬适度</td><td>25</td><td></td></tr>
<tr><td>馅心口味准确，鲜香适口</td><td>25</td><td></td></tr>
<tr><td>操作手法正确，干净利落</td><td>30</td><td></td></tr>
<tr><td>形态美观，皮薄馅大，不破不漏</td><td>20</td><td></td></tr>
<tr><td>合计</td><td>100</td><td></td></tr>
</table>

春卷皮的制作

1.原料

面粉100克，清水130克，食盐1克。

2.制作过程

（1）盆中放入面粉、食盐拌匀，一次性将水倒入盆中，用打蛋器将其混合均匀，备用。

（2）将饼锅加热到220摄氏度，用刷子（耐高温）蘸面糊在饼锅表面刷2～3层，待饼皮变白即成（见图3-6）。

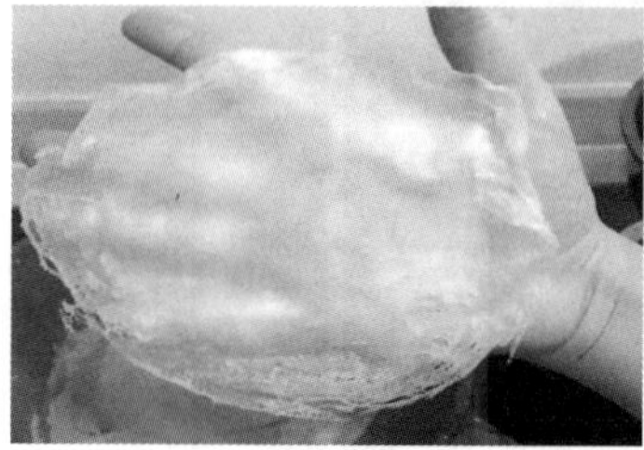

图3-6　春卷皮

3.技术关键

（1）面糊要调匀，必要时可以先将面粉过筛。

（2）锅的温度要合适。

4.成品特点

柔软筋道，薄而不破。

烙的分类及工艺流程

烙分为干烙、油烙和水烙三种。

（1）干烙是在加热时，直接将半成品或生坯放在特制的金属板或平底锅上加热使之成熟的一种方法。干烙的一般工艺流程是：

锅体预热 $\xrightarrow{\text{加热}}$ 下坯 $\xrightarrow{\text{加热}}$ 反复翻坯 $\longrightarrow$ 成熟

（2）油烙的操作方法与干烙的操作方法基本相似，区别就在于前者每次翻坯时需要刷油。油烙的一般工艺流程是：

锅体预热 $\xrightarrow{\text{刷油、加热}}$ 下坯 $\xrightarrow{\text{加热}}$ 翻坯 $\xrightarrow{\text{刷油、加热}}$ 反复翻坯 $\longrightarrow$ 成熟

（3）水烙的操作方法与干烙略有差异，主要是在铁锅底部加水煮沸，将生坯贴在铁锅边缘（但不能碰到水），然后用中火将水煮沸，既利用铁锅传热，使生坯底部烙成金黄色，又利用水蒸气传热，使生坯膨胀松软。水烙的一般工艺流程是：

锅底加水预热 $\xrightarrow{\text{烧开}}$ 下坯 $\xrightarrow{\text{加热}}$ 成熟

实训案例四　盘丝饼

盘丝饼是在抻面的基础上发展起来的一种面点制品，由山东传入北京、天津等地，是将拉好的面条刷油后切成长段，盘成蚊香形圆饼，用微火烙制而成。

一、实训目标

（1）掌握抻面技法。

（2）掌握盘丝饼的制作方法。

二、实训准备

原料	高筋面粉500克，色拉油200克，冷水300克，食盐20克
工具	饼锅、蒸锅、油刷、面刀等

三、实训步骤

（1）将食盐放入冷水中融化，分次加入高筋面粉中制成面团，揉匀后醒发。

（2）运用抻面的方法将面抻至第五、第六次时，往面条上刷一层色拉油，再抻一到两次后，按所需用量用刀断开（建议500克面粉做10个盘丝饼），从一端盘起来即成盘丝饼生坯。

（3）将盘丝饼生坯按平，摆在饼锅中烙至七八分熟，然后摆入蒸盘内，擀一大张薄面皮，盖在上面，以防滴水浸泡，蒸制成熟取出磕开装盘即可。

盘丝饼制作关键工艺流程如图3–7所示。

（1）溜条

（2）开条

（3）刷油

（4）盘饼

（5）成形

（6）成品（彩图4）

图3–7　盘丝饼制作关键工艺流程

四、技术关键

（1）条要溜好。

（2）注意刷油量及成熟方法。

（3）磕饼时注意饼的形态。

五、成品特点

色泽金黄，饼丝细且匀。

六、考核要点及评分标准

考核内容：盘丝饼		
考核时间：60分钟	制品规格：50克/个	
考核数量：10个	考核形式：个人操作	
考核要点	配分（分）	得分（分）
溜条方法正确，不断条	20	
开条手法正确，出条率高	30	
饼丝细且匀，饼体大小均匀	25	
色泽金黄，丝丝分离	25	
合计	100	

带馅丝饼的制作

1.原料

面粉1000克，冷水600克，鸡肉100克，鲜虾仁50克，鸡蛋清2个，豆油250克，鲜姜、大葱、食盐、味精、香油、食用色素各少许。

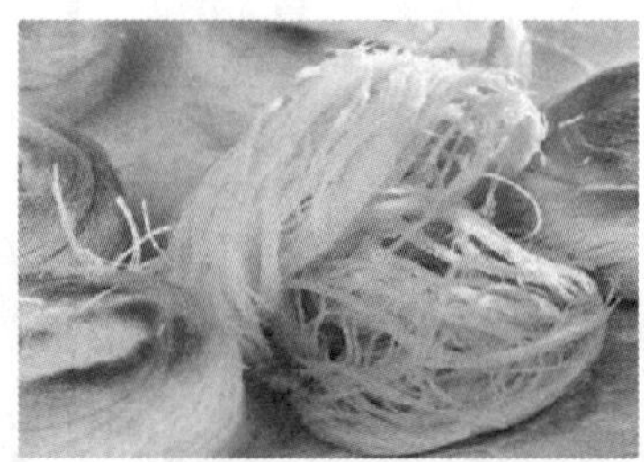
图3–8　带馅丝饼

2.制作过程

（1）用冷水和好面，然后用湿布盖上醒发约30分钟。

（2）将鸡肉、鲜虾仁、鲜姜、大葱放在一起搅打成细肉泥，用鸡蛋清把鸡肉泥瀣开，肉泥的硬度与饼面的软度相适应为宜，加入食盐、味精、香油调匀，再加入食用红色素调成玫瑰色备用。

（3）把已醒好的面揉成长条，用手拿住面的两端上下抖动溜条，溜到两头中间均匀时即把面放在案板上，撒上补面，用擀面杖在面的中间顺长擀压一条沟。将鸡肉泥装入裱花袋，然后把鸡肉泥挤在压出的面沟里，再把面沟两边的面用手捏起捏严，把鸡肉泥包在里面。用左手捏住面的两头，右手套面条的另一端，悬空抻长，对折，再抻长。如此反复抻到第五次时即可刷豆油，刷完油后再对折两次，按所需定量下剂，盘成带馅丝饼生坯。

（4）把带馅丝饼生坯按扁，擀成直径为6厘米左右的圆饼，上锅烙成两面金黄取出。出锅后用布盖上焖一下，待饼软后，把饼磕开，码入盘内即可，如图3–8所示。

3.技术关键

（1）鸡肉泥一定要细腻。

（2）掌握好开条时机，否则条粗细不均匀。

（3）刷油要及时。

4.成品特点

色泽金黄，咸淡适口。

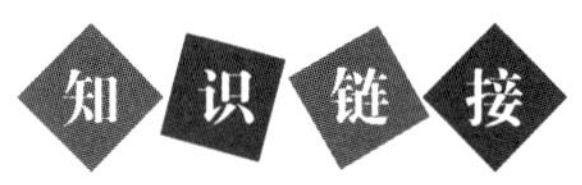

成形技法——抻

抻又叫抻拉法，是我国面点制作中一项独有的技法，主要用于制作面条。抻是将调制好的面团不断顺势抛动，经过反复打扣和抻拉，制成粗细均匀、富有韧性的条、丝的技法。

抻面的技术难度较大，操作时必须经过溜条、打扣、开条三个过程，要求用力均匀，软硬劲相结合，动作熟练，手法灵活。采用抻技法制成的品种规格较多，有粗条、细条、龙须面等10余种。做盘丝饼就需要用抻技法。

任务二　温水面团制品

实训案例　小油饼

小油饼是一款大众面食品种，适用于酒店、小吃、面食坊等。小油饼是一款基础饼，在此基础上可以制作形态、口味不同的饼。

一、实训目标

（1）学会小油饼的制作方法。

（2）掌握温水面团的调制方法。

（3）掌握油烙技法。

二、实训准备

原料	高筋面粉220克，食盐5克，温水120克，色拉油140克
工具	饼锅、擀面杖等

三、实训步骤

（1）取200克高筋面粉加入食盐，用温水制成稍软的面团，将面团揉光滑后分成两个小面团，揉搓成馒头形，醒发。

（2）在40克色拉油中加入20克面粉，制成稀油酥。

（3）将醒好的面团分别擀成薄片，抹上稀油酥，从上至下一层一层叠起来，稍醒后抻长，从一头盘向另一头，将结尾处藏进面底，盖上油布，醒发。

（4）将醒好后的面团擀成直径约21厘米的圆形饼坯。

（5）饼锅加热到220摄氏度，淋入底油，放入饼坯，烙成两面金黄即可。

小油饼制作关键工艺流程如图3–9所示。

（1）醒面

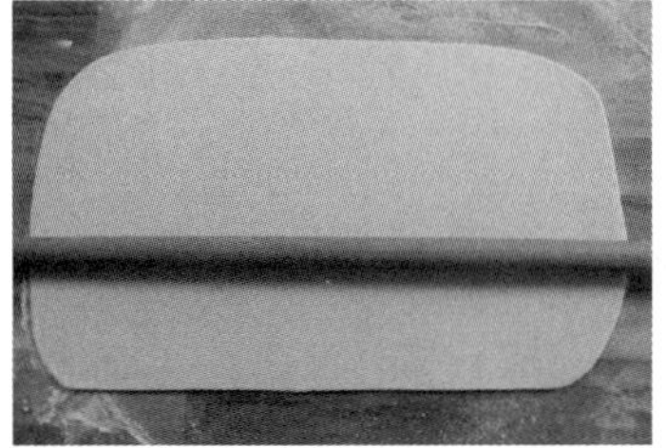
（2）开片

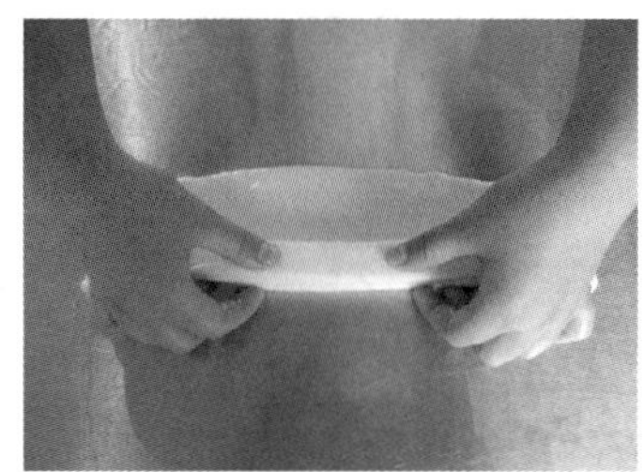
（3）叠层

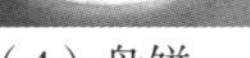
（4）盘饼

（5）擀饼

（6）成品（彩图5）

图3-9　小油饼制作关键工艺流程

四、技术关键

（1）面团要稍软，并醒发好。

（2）饼要擀得薄厚均匀、圆正。

（3）火候适宜，及时出锅。

五、成品特点

形状圆正，色泽金黄，层次清晰，柔软筋道。

六、考核要点及评分标准

考核内容：小油饼		
考核时间：45分钟	制品规格：100克/张	
考核数量：2张	考核形式：个人操作	
考核要点	配分（分）	得分（分）
面团软硬适度	25	
口感柔软筋道	30	
操作手法正确，干净利落	20	
形态美观、色泽金黄、层次清晰	25	
合计	100	

技能延伸

葱油饼的制作

1. 原料

面粉400克，温水240克，食盐5克，色拉油100克，葱花50克。

图3-10　葱油饼

2. 制作过程

（1）在面粉中加入食盐，用温水制成稍软的面团，醒发。

（2）将醒好的面团下剂（4个），分别擀成薄片，刷上一层色拉油，撒上葱花，从上至下卷起，稍醒，抻长，从两头对卷，上下盘起，盖上油布，醒发。

（3）电饼铛烧热，淋入底油，将饼坯擀成圆形放入电饼铛，烙成两面金黄即可，如图3-10所示。

3. 技术关键

（1）面团要软且醒发好。

（2）盘饼要松紧适度。

（3）葱花一定要细碎。

（4）掌握好电饼铛温度。

4. 成品特点

形状圆正，色泽金黄，葱香浓郁，柔软筋道。

知识链接

温水面团的调制方法

温水面团是用50摄氏度左右的温水调制而成的面团。其调制方法：先将面粉倒在案板上（或盛器内），在面粉中间扒出圆坑，加入温水，从四周向里慢慢抄拌，至面絮呈雪花片状（或称麦穗状）后，用力反复揉搓成面团，再将面团在案板上摊开或切开，散热后揉成表面光滑的面团，然后盖上一块洁净湿布醒发，备用。

温水面团的特点

温水面团色白，有韧性，筋力比冷水面团稍差，富有可塑性。温水面团制品不易走样，口感软滑适中。

调制温水面团的技术关键

调制温水面团时要特别注意以下情况：

（1）水温要准确。水温以50摄氏度左右为宜，最高不能超过60摄氏度，水温过高或过低都会影响温水面团的可塑性。

（2）要散尽面团中的热气。用温水调制的面团内有一定热气，初步制成面团后，要将面团在面板上摊开或切开，让热气散尽后再揉成团，这样才能保证制品的质量。

任务三　热水面团制品

实训案例一　韭菜盒子

韭菜盒子一般选春季头茬韭菜做馅，适宜春季食用。该制品表皮金黄酥脆，馅心韭香脆嫩，味道鲜美。

一、实训目标

（1）学会韭菜盒子的制作方法。

（2）巩固锁边技法。

二、实训准备

原料	面粉150克，热水75克，肉馅75克，韭菜75克，香油、味精、酱油、葱花、食盐、花椒粉、色拉油、海米等各适量
工具	饼锅、擀面杖、饺匙子等

三、实训步骤

（1）将肉馅炒熟，晾凉后与海米、切碎的韭菜及调味品和香油拌匀，即成馅心。

（2）把面粉用热水烫好，晾凉后揉匀，稍醒。

（3）把面团搓成长条，下剂，按扁，擀成圆皮，左手托皮，右手上馅，盖上另一个圆皮，将边锁好，即成韭菜盒子生坯。

（4）饼锅加热到180摄氏度，放少许油，把韭菜盒子生坯放入锅内，烙成两面金黄即可。

韭菜盒子制作关键工艺流程如图3–11所示。

（1）烫面　（2）晾面　（3）揉面

（4）下剂　（5）擀皮　（6）上馅

（7）盖皮　（8）锁边成形　（9）成品（彩图6）

图3–11　韭菜盒子制作关键工艺流程

四、技术关键

（1）馅心口味咸淡适宜。

（2）边要捏严，花纹要锁得细且匀。

（3）掌握好烙制时饼锅的温度。

五、成品特点

色泽金黄，味道鲜香，锁边均匀。

六、考核要点及评分标准

考核内容：韭菜盒子		
考核时间：45分钟	制品规格：皮25克，馅25克	
考核数量：8个	考核形式：个人操作	
考核要点	配分（分）	得分（分）
面团软硬适度	25	
制品大小均匀	20	
形圆馅正，锁边均匀	30	
鲜香适口，色泽金黄	25	
合计	100	

锅烙的制作

1. 原料

面粉250克，热水125克，肉馅100克，青菜200克，酱油、姜末、味精、花椒粉、食盐、葱花、干淀粉、香油、植物油各适量等。

图3–12　锅烙

2. 制作过程

（1）将面粉用热水制成面团，散热后揉成团，醒发。

（2）在肉馅中加入花椒粉、姜末、食盐、味精拌匀，分次加入酱油，再分次加入清水或（高汤）搅黏稠，加入切好的青菜、葱花、香油、植物油，拌匀即成馅心。

（3）将干淀粉和少量面粉用冷水调成水粉浆。

（4）将面团搓条，下剂，擀皮，包入馅心即成锅烙生坯。

（5）电饼铛预热，淋入底油，摆入锅烙生坯，待底部烙成金黄色，淋入清水，盖上盖儿，待水干，再淋入清水，至锅烙成熟，淋入水粉浆，待水粉浆干后，淋入少许植物油，将熟后的锅烙翻面盛装入盘即可，如图3–12所示。

3. 技术关键

（1）面团要软硬适宜。

（2）掌握好烙制温度。

（3）水粉浆浓度要适宜。

4. 成品特点

个头均匀，不破不漏，口味鲜香，底部带一层薄薄的金黄色锅巴。

如何调制热水面团

热水面团是用70摄氏度以上的热水调制而成的面团。其调制方法：先将面粉倒在案板上（或盛器内），在面粉中间扒出圆坑，将热水均匀浇在面粉上，边浇边以粉推水的方式拌和，直至热水浇完且面粉成团，然后将面团在面板上摊开或切开，让热气散尽后揉成光滑的面团，备用。

热水面团的特点

热水面团黏、糯、柔软，没有劲力。热水面团制品口感细腻，略带甜味。

实训案例二 月牙蒸饺

蒸饺是西安饺子宴饭店近年的独创美食，它与仿唐菜点和牛羊肉泡馍一并被誉为“西安饮食三绝”。

一、实训目标

（1）学会月牙蒸饺的制作方法。

（2）掌握月牙蒸饺面团的调制方法。

二、实训准备

原料	面粉150克，热水75克，肉馅75克，青菜75克，热水75克，酱油、姜末、味精、花椒粉、食盐、葱花、香油、色拉油各适量等
工具	蒸锅、蒸屉、擀面杖、饺匙子等

三、实训步骤

（1）在面粉中分次加入热水，调制成团，然后将面团摊开，散热后揉成光滑的面团，备用。

（2）在肉馅中加入花椒粉、姜末、食盐、味精拌匀，分次加入酱油，再分次加入清水（或高汤）搅黏稠，加入切好的青菜（有些青菜需要事先焯水、腌渍）、葱花、香油、色拉油，拌匀成馅。

（3）将面团搓条，下15个剂子，擀皮，左手托皮，右手抹馅，由右至左推捏成月牙形月牙蒸饺生坯。

（4）水开后，将月牙蒸饺生坯放入蒸屉蒸约12分钟即可。

月牙蒸饺制作关键工艺流程如图3-13所示。

（1）和面

（2）揉面

（3）下剂

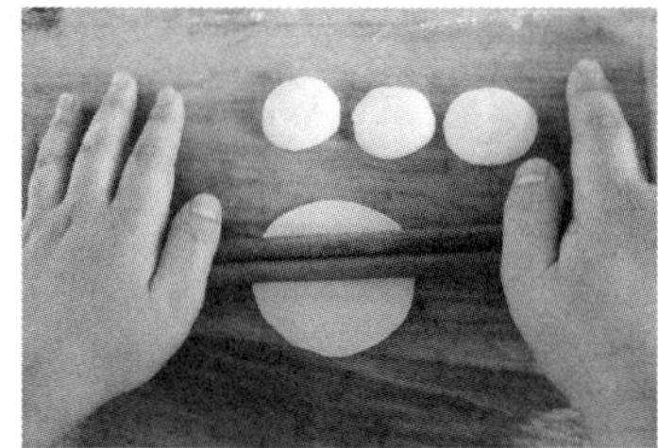
（4）擀皮

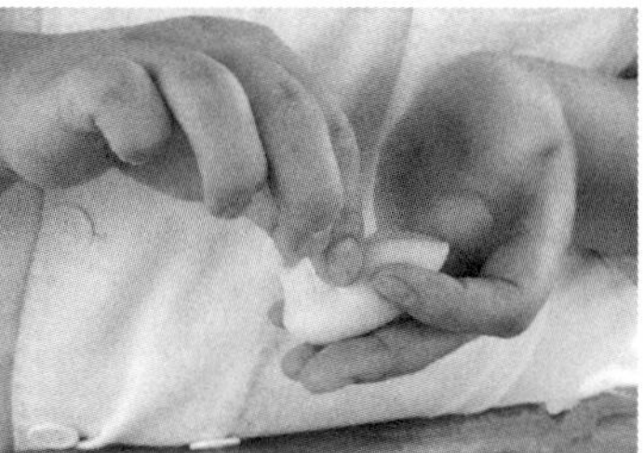
（5）成形

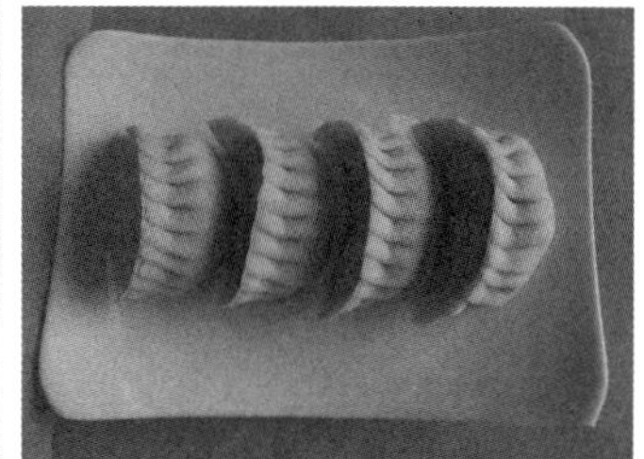
（6）成品（彩图7）

图3-13　月牙蒸饺制作关键工艺流程

四、技术关键

（1）面要烫匀、烫透。

（2）要擀成薄厚均匀的面皮。

（3）皮子边缘不要有油或馅心。

（4）掌握好成熟时间。

五、成品特点

褶匀直立，形似弯月，皮薄馅大，不破不漏，鲜嫩多汁。

六、考核要点及评分标准

考核内容：月牙蒸饺		
考核时间：45分钟	制品规格：皮15克，馅20克	
考核数量：10个	考核形式：个人操作	
考核要点	配分（分）	得分（分）
面团软硬适度	20	
馅心口味准确，鲜嫩多汁	30	
操作手法正确，干净利落	25	
形似弯月，皮薄馅大，不破不漏	25	
合计	100	

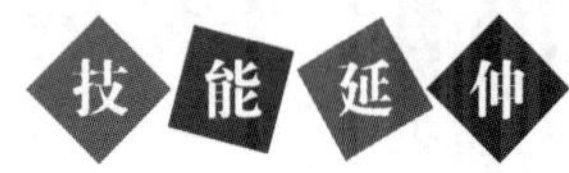

白菜饺的制作

1. 原料

面粉100克，热水50克，肉馅50克，鸡蛋50克，酱油、姜末、味精、花椒粉、食盐、葱花、香油、色拉油各适量。

图3–14　白菜饺

2. 制作过程

（1）用热水把面粉调制成团，将面团摊开，散热后揉成光滑的面团，备用。

（2）将鸡蛋炒成蛋花晾凉，肉馅煸炒后加入蛋花、花椒粉、姜末、食盐、味精、葱花、香油、色拉油，拌匀成馅。

（3）将面团搓条，下10个剂子，擀皮，上馅，将边缘提起，捏成五角形状，用“单推”技法推成叶片状，将叶片状面皮的下部粘捏到下一片叶片状面皮的边上，依此类推，制成白菜饺生坯。

（4）上屉蒸5分钟左右，熟后取出装盘即可，如图3-14所示。

3. 技术关键

（1）面团要软硬适宜。

（2）皮圆且薄厚适宜。

（3）捏成的五角要均匀美观。

4. 成品特点

个头均匀，形似白菜，鲜香适口。

蒸的工艺流程及技术关键

1. 工艺流程

水烧开 $\xrightarrow{\text{加热}}$ 放入生坯 $\xrightarrow{\text{加热}}$ 成熟

2. 技术关键

（1）水必须烧开，锅盖儿必须盖严（若锅盖儿盖不严可围上麻布）。特别是膨松面团，如水不开就开始蒸制，制品会出现不再膨胀、塌陷等情况。锅盖儿盖严的目的是增大锅内气压，提高锅内温度，缩短成熟时间。

（2）保持锅内正常水量，有利于产生充足的蒸汽。蒸制时水量要充足，一般以八成满为宜。过满，水沸腾时易溅及制品，影响制品成熟质量或导致水外溢。过少，产生的蒸汽不足，影响制品成熟效果。因此连续蒸制时要经常加水，否则会造成水量不足。

（3）适当掌握成熟数量，保证制品质量。成熟数量是指一次成熟的数量。因为锅内产生的热量和压力是有限的，如一次成熟数量太多，会导致制品受热不足，既延长成熟时间，又影响成制品质量。用水蒸锅蒸制时，一般每次最多放3～5层蒸屉。不同口味制品不能放入同一层蒸屉，以防串味。

（4）根据原料特性，恰当掌握成熟时间。由于成熟的对象不同，成熟的要求和时间也不相同。为了确保制品质量，必须恰当掌握成熟时间。如蒸包子、蒸米饭、蒸花式蒸饺的时间各不相同，必须区别对待。成熟时间不够将导致制品粘牙；时间过长则会使制品形态坍塌，色泽变深。因此制品一旦成熟，应立即出锅。判断制品是否成熟，通常是看制品是否膨胀，触之是否粘手。

（5）经常换水，保证制品质量。连续蒸制时，要注意水质的清洁。大量蒸制后，蒸锅（或蒸箱等）内水质发生变化，也会影响制品质量，因此必须经常换水。

实训案例三 四喜蒸饺

四喜蒸饺是宴席中常用的咸味面点之一，是将热水面团搓条、下剂、擀皮后包入馅心，蒸制而成。其因形状寓意四喜临门而得名。

一、实训目标

（1）学会四喜蒸饺的制作方法。
（2）掌握四喜蒸饺的成形方法。
（3）掌握四喜蒸饺馅心的搭配与调制。

二、实训准备

原料	面粉150克，热水75克，猪肉馅75克，鸡蛋100克，木耳15克，火腿50克，酱油、姜末、味精、花椒粉、食盐、葱花、香油、色拉油各适量
工具	蒸锅、擀面杖、饺匙子等

三、实训步骤

（1）在猪肉馅中加入各种调味品和香油、色拉油，拌匀后炒熟，即成猪肉馅心；将蛋清、蛋黄分别炒成蛋花晾凉；木耳、火腿切末，备用。

（2）将面粉用热水调成面团，再将面团摊开，散热后揉成光滑的面团，搓成长条，下15个剂子，擀成直径约为8厘米的圆皮。

（3）取面皮一张，在皮中心放入猪肉馅心约10克，将圆皮分成四等分，相邻两面捏紧，再将相邻两边用筷子夹紧，粘在一起，形成4个大的孔洞，然后在大孔洞里分别放入木耳末、火腿末和炒好的蛋清、蛋黄即成四喜蒸饺生坯。

（4）水开后将四喜蒸饺生坯摆入刷过油的蒸屉，用旺火蒸约7分钟，取出装盘即可。

四喜蒸饺制作关键工艺流程如图3–15所示。

（1）上馅1

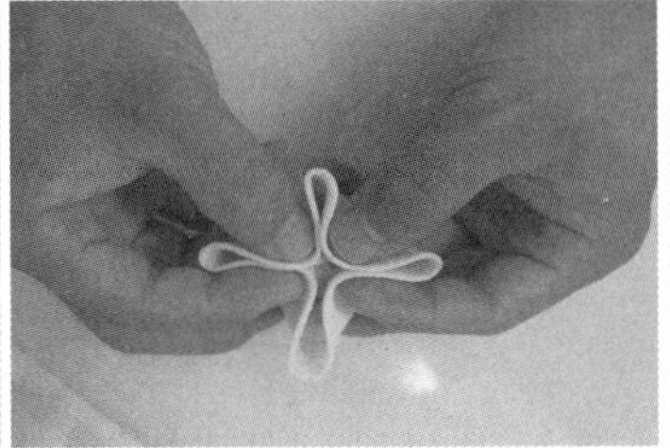
（2）成形1

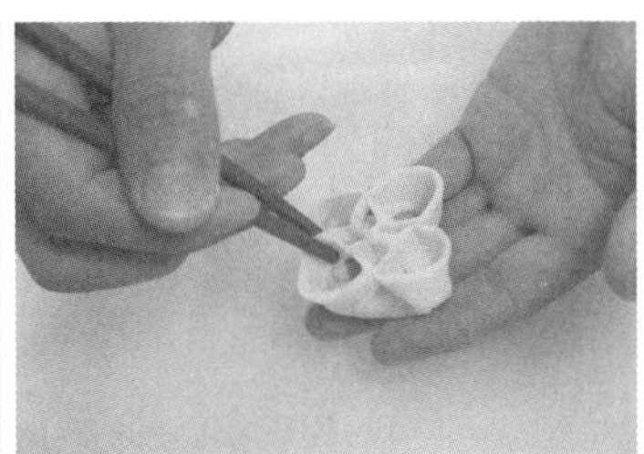
（3）成形2

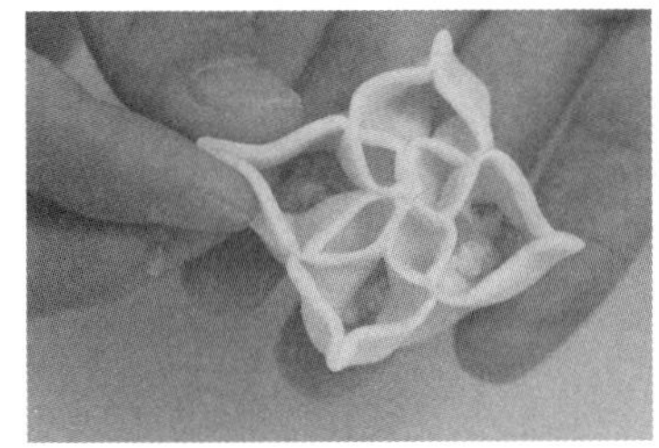
（4）成形3

（5）上馅2

（6）成品（彩图8）

图3-15　四喜蒸饺制作关键工艺流程

四、技术关键

（1）面团要软硬适宜。

（2）皮圆且薄厚均匀。

（3）四个孔洞要大小均匀。

（4）掌握好成熟时间。

五、成品特点

色泽鲜艳，味美可口。

六、考核要点及评分标准

考核内容：四喜蒸饺		
考核时间：60分钟	制品规格；皮15克，馅15克	
考核数量：10个	考核形式：个人操作	
考核要点	配分（分）	得分（分）
面团软硬适宜	20	
馅心色泽、荤素搭配合理	30	
四个孔洞大小均匀	30	
操作手法正确，干净利落	20	
合计	100	

一品饺的制作

1.原料

面粉200克，热水100克，猪肉馅150克，鸡蛋200克，菠菜100克，酱油、姜末、味精、花椒粉、食盐、葱花、香油、色拉油各适量。

2.制作过程

（1）在猪肉馅中加入各种调味品和香油、色拉油，拌匀后炒熟，即成猪肉馅心；将蛋清、蛋黄分别炒成蛋花晾凉；菠菜用油炸好，切末备用。

图3–16　一品饺

（2）将面粉用热水调成面团，再将面团摊开，散热后揉成光滑的面团，搓成长条，下30个剂子，擀成直径约8厘米的圆皮。

（3）取圆皮一张，在圆皮中心放入猪肉馅心约10克，将圆皮三等分向上包拢，中间捏紧，再将相邻两边用筷子夹紧，粘在一起，形成3个孔洞，3个孔洞中分别放入炒好的蛋清、蛋黄和菠菜末，即成一品饺生坯。

（4）将一品饺生坯摆入刷过油的蒸屉上，用旺火蒸约7分钟，取出装盘即可，如图3–16所示。

3.技术关键

（1）三个孔洞要分均匀。

（2）馅心的口味要调正，颜色搭配要美观。

4.成品特点

色泽鲜艳，形似品字，味美可口。

花色蒸饺的配色

将饺子制成各种动物、果品、花卉等形状后，为使制品更加生动逼真，就需要借助于配色。花色蒸饺常用的配色工艺一般有以下3种：

（1）用各种馅心原料本身的色彩来配合装饰，使之成为既悦目又形象的花色饺子。这种方法既能增加美感，又富有营养。例如，制作一品饺和四喜蒸饺时会在不同的孔洞中放入不同颜色的馅料。

（2）将有色原料榨汁后放入面团中，使白色面团变成有色面团。例如，使用菠菜汁、南瓜汁、红椒汁等制成的皮坯不仅色彩鲜艳而且有原料的清香。

（3）利用食用色素给制品皮坯配色。如冠顶饺翻出的推边，可用色素溶液涂抹，使之鲜艳美观。

无论采用哪种配色方法，都要根据品种的需要，根据经验加以灵活运用。配色时应注意色彩的浓淡和谐，配合得当，起到增加制品艺术感染力和增进食欲的效果。

实训案例四　烧卖

烧卖是一种以烫面为皮、裹馅进而蒸制成熟的面食小吃，皮薄馅大，鲜香可口。

一、实训目标

（1）学会烧卖的制作方法。

（2）熟悉面团的调制标准。

（3）掌握烧卖皮的擀制技法。

二、实训准备

原料	面粉150克，热水80克，牛肉馅200克，洋葱150克，热水50克，酱油、蚝油、姜末、味精、食盐、色拉油、香油、花椒粉各适量等
工具	蒸锅、平杖（双杖）、小走锤、饺匙子等

三、实训步骤

（1）用热水将面粉调制成稍硬的面团，盖上干净的湿布醒发；洋葱切末，用少量食盐腌渍一下，备用。

（2）将醒好的面团下18个剂子，按扁，用平杖（双杖）擀成直径约8厘米的圆皮，再用小走锤将圆皮边缘推擀出荷叶边，即成烧卖皮。

（3）在牛肉馅中加入花椒粉、姜末、食盐、味精拌匀，再分次加入酱油、蚝油、香油、色拉油拌匀，最后将洋葱挤去多余水分拌入其中，拌匀成馅。

（4）左手托皮，右手上馅，顺势将皮拢起，将馅包入皮内，即成烧卖生坯。

（5）水开后，将烧卖生坯放入蒸箱蒸制10分钟左右即可。

烧卖制作关键工艺流程如图3-17所示。

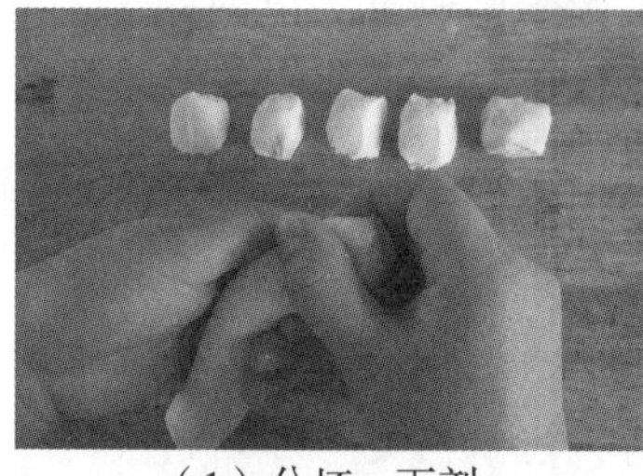
（1）分坯、下剂

（2）擀皮1

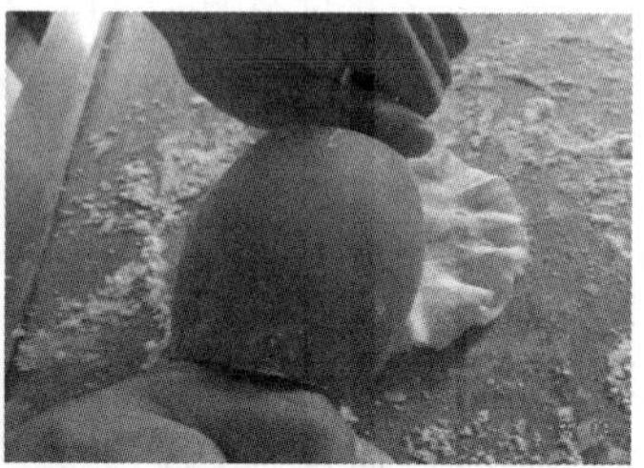
（3）擀皮2

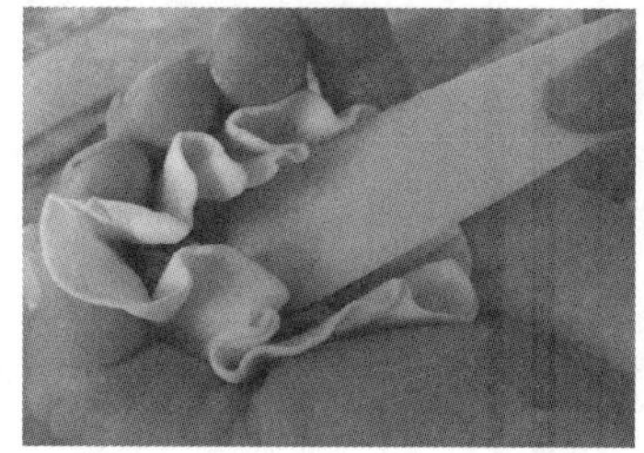
（4）上馅

（5）合拢

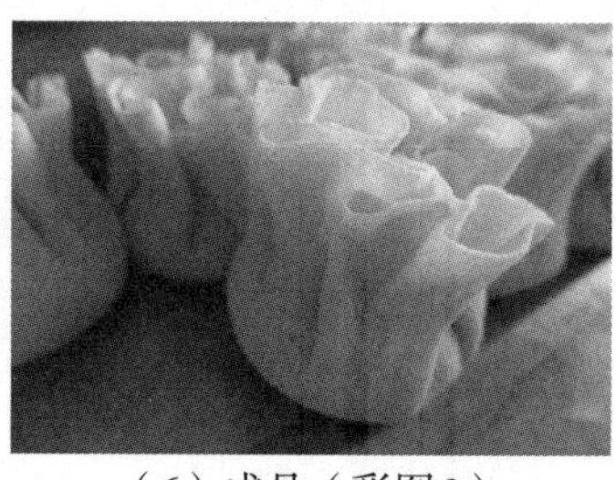
（6）成品（彩图9）

图3-17 烧卖制作关键工艺流程

四、技术关键

（1）面团要稍硬。

（2）皮要先擀成薄厚均匀的圆皮，再擀出荷叶边。

（3）包入的馅心大小要一致。

（4）掌握好蒸制时间。

五、成品特点

形态美观，口味鲜香。

六、考核要点及评分标准

考核内容：烧卖	
考核时间：50分钟	制品规格：皮15克，馅25克
考核数量：10个	考核形式：个人操作

续表

考核要点	配分（分）	得分（分）
面团软硬合适	30	
馅心鲜香可口	25	
面皮符合制品要求	25	
成熟时间准确	20	
合计	100	

糯米烧卖的制作

1. 原料

面粉250克，热水115克，糯米1500克，猪五花肉250克，猪油250克，香葱50克，酱油200克，高汤500克，食盐、味精、胡椒粉各适量。

图3-18　糯米烧卖

2. 制作过程

（1）糯米洗净，用清水浸泡约4小时，然后捞出用猛火蒸约30分钟，倒出晾凉。

（2）猪油洗净，在汤锅中煮一下，过凉后切成小丁，放入干净的锅中炒干水分，待将出油时加入酱油和食盐炒匀，再加入糯米，加高汤、味精、胡椒粉、香葱，拌匀即成糯米馅。

（3）成形与成熟方法同烧卖的实训步骤。糯米烧卖的成品如图3-18所示。

3. 技术关键

（1）掌握好糯米的浸泡时间及蒸制时间。

（2）根据糯米的软硬程度掌握高汤用量。

4. 成品特点

馅心油润，软糯鲜香。

热水面团的形成原理

热水面团与冷水面团相反，用的是70摄氏度以上的热水，水温既能使蛋白质变性又能使淀粉膨胀糊化，因此热水面团的形成主要是淀粉经过受热膨胀和糊化过程吸收了大量水，和水融合成面团。淀粉糊化后黏性增强，因此热水面团黏、柔并带有甜味；面粉中的蛋白质变性后，面筋胶体被破坏，无法形成面筋网络，因此热水面团筋力小、韧性差。

1.热水面团中淀粉的性质

水温到67摄氏度以上时，淀粉大量溶于水中，成为黏性很大的溶胶；随着水温上升，溶于水的淀粉越来越多，淀粉的黏性越来越大，当用热水或接近沸点的水调制面团时，淀粉的糊化作用会使面团变得很黏柔，缺乏筋力，淀粉酶的糖化作用会使面团带有甜味。显然，淀粉在加热过程中的这些变化对调制面团有着重要的意义。

2.热水面团中蛋白质的性质

蛋白质在60～70摄氏度时开始变性，即蛋白质凝固与淀粉糊化温度接近，温度越高，时间越长，这种变性作用越会破坏面团中的面筋质，面团的延展性、弹性、韧性逐步减退，只有黏度增加。

实训案例五　合饼

合饼使用热水面团制作，成形时两个剂子合在一起擀制，成熟后再分开，两张为一组，故而得名。

一、实训目标

（1）学会合饼的制作方法。

（2）掌握合饼的擀制及干烙技法。

二、实训准备

原料	面粉250克，热水150克，色拉油20克，猪油35克
工具	饼锅、擀面杖、油刷等

三、实训步骤

（1）将面粉用热水烫透，加入猪油揉透，揉匀后晾凉。

（2）将面团搓成长条，下16个剂子，按扁，擀成直径约8厘米的圆片，刷上一层色拉油，撒上少许补面，再将两片合在一起擀成直径约20厘米的合饼生坯。

（3）饼锅加热到约230摄氏度，将合饼生坯放入饼锅，反复烙至呈现芝麻花点、两面鼓起时即熟。

（4）将成熟的合饼放在潮湿的屉布内回软，取出用手揭开成两片，叠起装盘即可。

合饼制作关键工艺流程如图3-19所示。

（1）搓条　（2）分坯　（3）成形

（4）生坯　（5）成熟　（6）成品（彩图10）

图3-19　合饼制作关键工艺流程

四、技术关键

（1）面团一定要软，面要烫透、烫熟。

（2）两饼中间刷得油不宜过多。

（3）掌握好干烙技法。

五、成品特点

饼花均匀，薄而不破，柔软筋道。

六、考核要点及评分标准

考核内容：合饼		
考核时间：45分钟	制品规格：50克/张	
考核数量：4张	考核形式：个人操作	
考核要点	配分（分）	得分（分）
面团要软，面要烫透、烫熟	25	
两个面皮大小一致	20	
合饼大小符合制品要求	25	
饼花均匀，薄而不破	30	
合计	100	

单饼的制作

1.原料

面粉500克，猪油70克，热水300克。

2.制作过程

（1）将面粉用热水烫透、烫熟，加入猪油揉匀、揉透。

（2）把面团揉匀，搓成条，下10个剂子，揉成馒头形按扁，醒发备用。

图3-20　单饼

（3）用细面杖擀成圆片，再把圆片卷在面杖上，向前推擀五六次，成直径40厘米左右的单饼生坯。

（4）饼锅烧热，把单饼生坯放在饼锅上，用旺火烙，翻面两次，烙出芝麻花点即可，如图3-20所示。

3.技术关键

（1）面要烫透、烫熟。

（2）注意擀制手法。

（3）掌握好饼锅的温度。

4.成品特点

饼薄如纸，柔软，有芝麻花点。

工具成形法——擀

擀是面点制作的基本功之一，大多数面点的成形都离不开这道工序。它具有使皮坯成形与品种成形的双重作用，是运用各种工具使皮坯制成不同形态的一项操作，具有很强的技术性。

擀制面点的工具繁多，形状、长短、大小、用途各不相同，使用时的技巧和方法也不同。如包子、水饺等的面皮，要用单手杖擀制，烧卖皮要用小走锤擀制，面条、馄饨皮，要选用大面杖双手擀制。饼一般都用擀的方法成形，一般制饼的面团比较柔软，擀制的厚薄和形状要符合要求。擀制技术必须反复训练才能熟练掌握。

擀的操作要求是：工具使用得心应手，操作用力均衡到位，手法灵活熟练，制品规格一致，形态美观整齐。

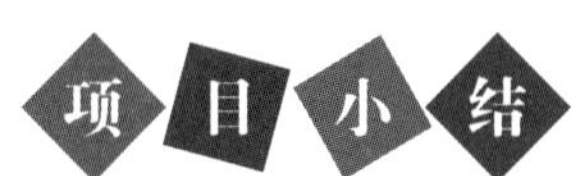

本项目分为冷水面团制品、温水面团制品、热水面团制品3个学习任务，共10个实训案例。通过实训案例和延伸制品的学习，学生能够掌握冷水面团制品、温水面团制品、热水面团制品的制作过程、技术关键、成品特点及考核标准等，为以后的拓展学习奠定基础。

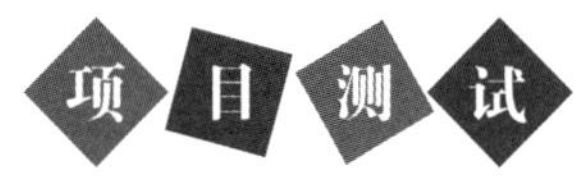

一、选择题

1. 制作水饺面皮宜选用（　　）。

A. 高筋面粉　　B. 中筋面粉　　C. 低筋面粉　　D. 无筋面粉

2. 钟水饺是（　　）品种。

A. 京式面点　　B. 苏式面点　　C. 川式面点　　D. 广式面点

3. 抻面面团，面粉与水的比例为（　　）。

A. 1：0.2～1：0.4　　B.1：0.5～1：0.6

C. 1：0.7～1：0.8　　D.1：0.9～1：1

4. 馄饨皮制皮方法是（　　）。

A. 切皮　　B. 擀皮　　C. 拍皮　　D. 压皮

5. 制作小油饼面时，水温应控制在（　　）摄氏度。

A. 20　　B.50　　C.70　　D.90

6. 制作盒子面团时，要用（　　）和面。

A. 冰水　　B. 冷水　　C. 温水　　D. 热水

二、判断题（正确的打“√”，错误的打“×”）

1. 冷水面团是用40摄氏度以下冷水调制而成的面团。（　　）

2. 冷水面团的筋性好、韧性差、质地坚实、劲力大、延伸性强。（　　）

3. 煮水饺时水量要大，数量要恰当。（　　）

4. 面条煮熟后，可以关火焖一会儿再捞出。（　　）

5. 抻面技术的好坏直接决定丝饼的质量。（　　）

6. 韭菜盒子采用加水烙的方法成熟。（　　）

7. 热水面团的特点是黏、糯、柔软、没有劲力，制品色泽较差、口感细腻、略带甜味。（　　）

8. 月牙蒸饺采用挤捏手法完成。（　　）

项目四　膨松面团制品

学　习　目　标

- **方法能力目标**

  掌握膨松面团的性质、调制方法及成形原理。

- **专业能力目标**

  掌握膨松面团制品的制作方法及技术关键。

- **社会能力目标**

  将所学品种灵活运用于生活实践，推动膨松面团制品及其制作方法的发展与创新。

项　目　导　读

膨松面团是在调制面团的过程中添加膨松剂或采用特殊膨胀方法，使面团体积膨胀，面团内部产生蜂窝组织。此类面团的特点是疏松、柔软、饱满、有弹性，制品内部呈海绵状结构。

膨松面团根据其膨松方法的不同，大致可分为生物膨松面团、物理膨松面团、化学膨松面团三大类。

任务一　生物膨松面团制品

实训案例一　馒头

相传三国时，蜀国不断遭到南蛮的袭击骚扰，诸葛亮亲自带兵讨伐。泸水一带人烟极少，瘴气很重。诸葛亮下属提出了一个方法：杀死一些南蛮俘虏，用他们的头颅祭河神以减轻瘴气。诸葛亮当然不能答应，为了鼓舞士气，他想出了另一个办法：用面粉和成面泥，捏成人头的模样儿蒸熟，当作祭品来代替“蛮”头祭河神。从那以后，这种面食就流传了下来，并且传到了北方。称“蛮头”实在太吓人了，人们就用“馒”字换下了“蛮”字，写作“馒头”，久而久之，馒头就成了备受喜爱的主食。

一、实训目标

（1）了解生物膨松面团的性质。

（2）学会馒头的制作方法。

（3）掌握制作馒头的技术关键。

二、实训准备

原料	面粉200克，酵母3克，泡打粉3克，白糖4克，温水110克
工具	蒸屉、蒸锅等

三、实训步骤

（1）将面粉、酵母、泡打粉、白糖用温水和成面团，揉匀、揉透，搓成长条，下4个剂子。

（2）用手掌根部将剂子四周的面向中间揉折，揉至面团表面光滑，翻扣在面板上，用虎口处收圆，摆在蒸屉中醒发。

（3）待馒头生坯体积膨胀到原体积的2倍大小时，将馒头生坯放入开水锅中蒸约15分钟至成熟即可。

馒头制作关键工艺流程如图4-1所示。

（1）和面

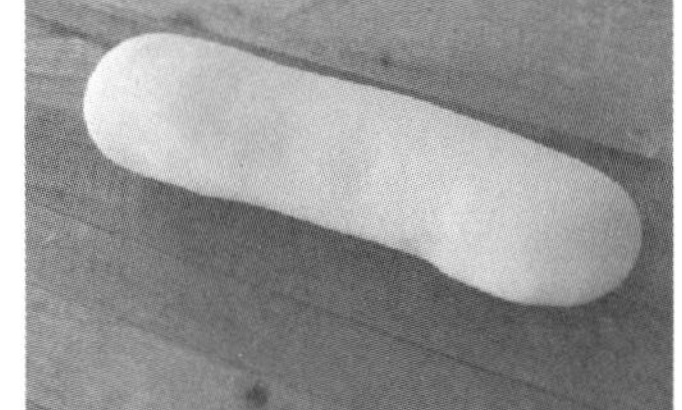
（2）成团

（3）下剂

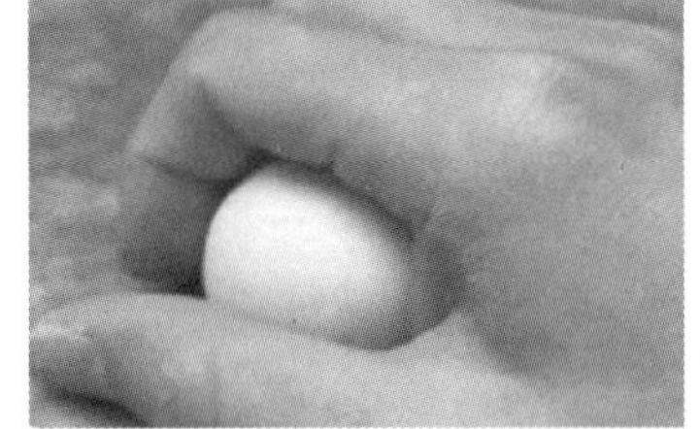
（4）成形

（5）生坯

（6）成品（彩图11）

图4-1　馒头制作关键工艺流程

四、技术关键

（1）掌握好配料比例。

（2）面团要揉匀、揉透。

（3）馒头生坯要揉紧。

（4）馒头生坯一定要醒好后再蒸。

五、成品特点

色泽洁白，暄软适口。

六、考核要点及评分标准

<table>
<tr><td colspan="3">考核内容：馒头</td></tr>
<tr><td>考核时间：45分钟</td><td colspan="2">制品规格：50克/个</td></tr>
<tr><td>考核数量：4个</td><td colspan="2">考核形式：个人操作</td></tr>
<tr><td>考核要点</td><td>配分（分）</td><td>得分（分）</td></tr>
<tr><td>面团揉匀、揉透</td><td>20</td><td></td></tr>
<tr><td>大小均匀、形状圆润</td><td>25</td><td></td></tr>
<tr><td>醒发适度</td><td>30</td><td></td></tr>
<tr><td>暄软、洁白</td><td>25</td><td></td></tr>
<tr><td>合计</td><td>100</td><td></td></tr>
</table>

技能延伸

豆沙包的制作

1. 原料

面粉200克，酵母3克，泡打粉3克，白糖4克，豆沙馅150克，温水110克。

图4-2 豆沙包

2. 制作过程

（1）将面粉、酵母、泡打粉、白糖用温水和成面团，揉匀、揉透，搓成长条，下10个剂子。

（2）将剂子按成边缘稍薄、中间稍厚的圆皮。

（3）豆沙馅分成10等份，取其一包入圆皮中，采用包拢的方式将其包成圆形，在案板上搓成椭圆形，用拇指和食指捏成腰圆形豆沙包生坯，醒发15分钟左右。

（4）把豆沙包生坯摆在蒸屉内，入开水锅蒸约15分钟至成熟即可，如图4-2所示。

3. 技术关键

（1）配料比例要准确。

（2）馅心包正，收口要整齐。

（3）要做成腰圆形。

4. 成品特点

色泽洁白，呈腰圆形，大小一致，不露馅心。

知识链接

膨松面团

1. 生物膨松面团

生物膨松面团，又称发酵面团，即在面粉中加入适量发酵剂，用冷水或温水调制而成的面团。这种面团通过微生物和酶的催化作用使面团体积膨胀，面团内部充满气孔，行业上习惯称其为“发面”“酵面”，是饮食业面点生产中最常用的面团之一。这种面团制品饱满、暄软。馒头、花卷、豆沙包、螺丝包等属于这一面团制品。

2. 化学膨松面团

化学膨松面团是使用适量的化学膨松剂与油、蛋等辅助原料调制而成的面团。它是利用化学膨松剂发生的化学变化，产生气体，使面团疏松膨胀。这种面团制品具有膨松、酥脆的特点。油条、桃酥、萨其马等属于这一面团制品。

3. 物理膨松面团

物理膨松面团，又称蛋泡面团、蛋糊面团。它是利用机械力充气的方式和面团内的热膨胀原理（包括水分因高温而汽化），使制品松软。这种面团一般多用来制作蛋糕等。制品特点是松软适口，易被人体消化吸收。

实训案例二 花卷

花卷是一款经典的主食，由于成形时成团形，故又称团花卷。花卷可以做成椒盐、葱油等各种口味。

一、实训目标

（1）学会花卷的制作方法。

（2）掌握花卷的成形方法。

（3）能够灵活运用卷的技法。

二、实训准备

原料	面粉250克，酵母3克，泡打粉3克，白糖2克，温水125克，食盐、色拉油各适量
工具	蒸锅、蒸屉、油刷、擀面杖、面刀等

三、实训步骤

（1）将面粉、酵母、泡打粉、白糖用温水和成面团，揉匀、揉透。

（2）将面团搓成长条，压扁，用擀面杖擀成厚约0.3厘米、宽约26厘米的长方片，刷上色拉油，撒上食盐、干面粉，由上向下叠起，成四折五层的长条。

（3）将长条切成大小均匀的面剂，先用手指将剂子顺切口在中间压扁，成沟形，再将面剂两端捏拢，然后将面剂绕拇指围成花卷生坯，醒发。

（4）把花卷生坯摆在蒸屉内，水开后用旺火蒸约15分钟即可。

花卷制作关键工艺流程如图4-3所示。

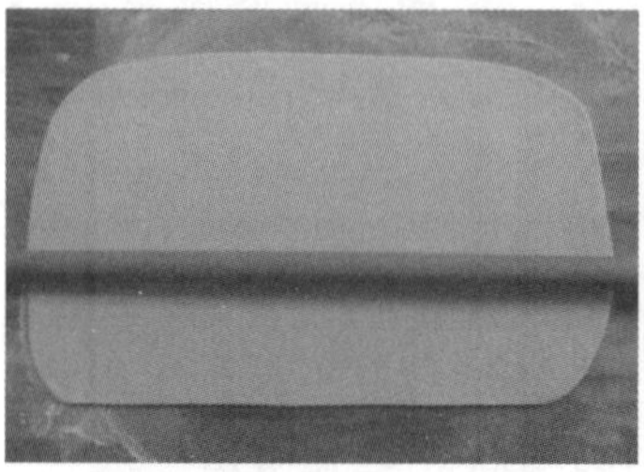

（1）开片 　（2）刷油 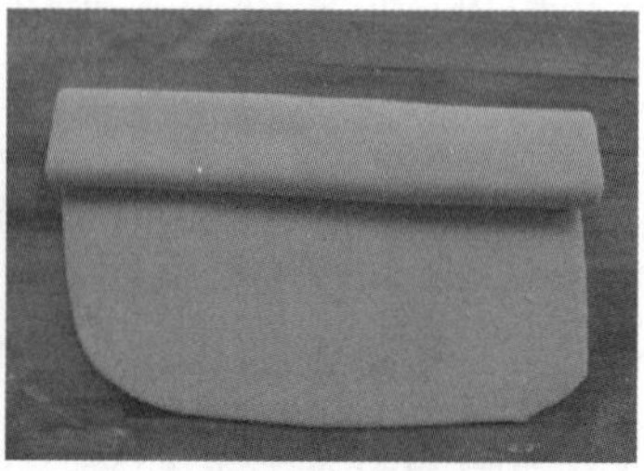　（3）折叠

（4）切剂 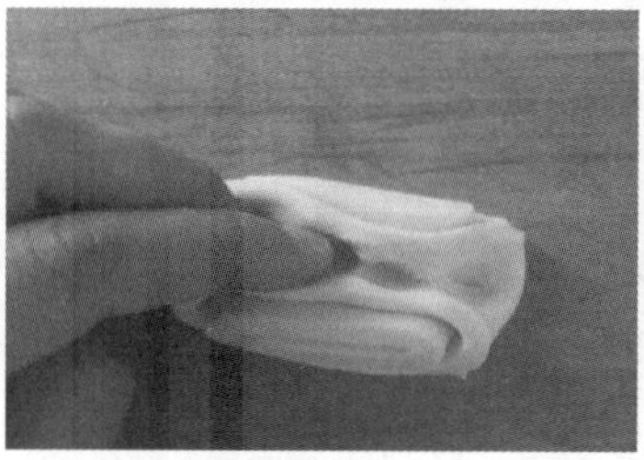　（5）成形1 　（6）成形2

（7）成形3 　（8）成形4 　（9）成品（彩图12）

图4-3　花卷制作关键工艺流程

四、技术关键

（1）掌握好酵母、泡打粉、白糖的用量。

（2）油刷得不宜过多。

（3）一定要醒发后再蒸。

五、成品特点

层次清晰，色泽洁白，暄软可口。

六、考核要点及评分标准

考核内容：花卷		
考核时间：45分钟	制品规格：50克/个	
考核数量：6个	考核形式：个人操作	
考核要点	配分（分）	得分（分）
面团揉匀、揉透	20	
面片厚薄均匀、刷油适度	20	
生坯大小均匀、醒发适度	30	
制品层次清晰、暄软、洁白光亮	30	
合计	100	

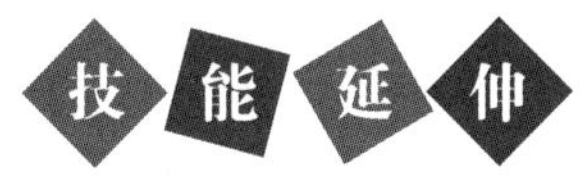

蝴蝶卷的制作

1.原料

面粉200克，酵母2.5克，泡打粉2.5克，色拉油30克，食盐2克，温水100克。

图4-4 蝴蝶卷

2.制作过程

（1）将面粉、酵母、泡打粉用温水和成面团，揉匀备用。

（2）将面团擀成长方片，刷一层色拉油，撒上少许食盐卷起，切成20个剂子，刀口朝上，每两个剂子为一组并在一起，面剂的边露在外边作蝴蝶触角，用两根筷子在面剂的下1/3处夹一下即成蝴蝶卷生坯。

（3）蝴蝶卷生坯醒发后，放入开水锅约蒸12分钟即可，如图4-4所示。

3.技术关键

（1）酵母、泡打粉用量要准确。

（2）一定要在水开后再蒸制。

4.成品特点

色泽洁白，形似蝴蝶，暄软可口。

发酵面团技术复杂，影响发酵面团质量的因素很多，因此必须经过长期认真的操作实践，摸透它的特性，才能制作出色、香、味、形俱佳的发面制品品种。

发酵面团的种类

1. 酵母发酵面团

酵母发酵面团就是使用酵母调制面团，进行发酵。常用的酵母是由酵母厂生产制作的，有液体鲜酵母、固体鲜酵母和活性干酵母。

2. 面肥发酵面团

面肥发酵面团即使用面肥发酵成的面团。面肥又称“老面”“老肥”“引子”等。面肥发酵是利用隔天的发酵面团中所含的酵母菌进行发酵。用这种方法发酵，虽然速度慢，面团会产生较强的酸味（必须用碱来中和），但面肥制作简便、成本低廉，在饮食业应用广泛。

3. 白酒和酒酿发酵面团

在没有面肥的情况下，需要重新培养面肥。培养面肥的方法很多，常用的有白酒培养和酒酿培养。

手工成形法——卷

卷是面点制作中一种较为常用的成形法，一般是将擀好的面坯经加馅、抹油或根据品种要求卷成不同形式的圆柱状，使面坯形成层次。卷的方法不同，制作出的品种也各有特色。利用发酵面团制作的各种花卷，以及利用油酥面团制作的各类卷酥，都是用卷的方法完成的。

卷的方法较简单，一般分为单卷法和双卷法两类。

1. 单卷法

将面团擀成薄片，抹油或加馅后，从一头卷到另一头，使之成为圆柱状，然后按品种规格切开，做成各式面点，如花卷、卷筒蛋糕、豆面卷等。

2. 双卷法

将面团擀成薄片，抹油或加馅后，从两头向中间对卷，卷到中心为止。要求两边卷得平均，使面坯成为双卷条。双卷法可以用来制作如意卷、枕形卷等。

实训案例三 鲜肉包子

包子是中国传统食品之一，价格便宜、口感丰富。包子通常是用面做皮，用菜、肉或糖等做馅心。江南一些地区将带馅的包子称作肉馒头。

一、实训目标

（1）学会包子的提褶技法。

（2）学会鉴别醒发程度。

（3）能够灵活运用不同的馅心制作包子。

二、实训准备

原料	面粉200克，猪肉馅250克，泡打粉3克，酵母3克，白糖4克，温水120克，冷水（骨汤）50克，酱油、蚝油、香油、花椒粉、味精、食盐、葱花、姜末、色拉油等各适量
工具	蒸锅、蒸屉、擀面杖、饺匙子等

三、实训步骤

（1）在猪肉馅中加入酱油、蚝油、花椒粉、姜末，拌匀后分次加入冷水（或骨汤），顺着一个方向搅打成干粥状，然后放入葱花、香油、色拉油，拌匀成馅。

（2）把面粉、酵母、泡打粉、白糖用温水和成面团，揉匀，搓成长条，下12个剂子。

（3）把剂子按扁，擀成圆皮，用提褶包的方法制成鲜肉包子生坯，醒发。

（4）将醒发后的鲜肉包子生坯摆入蒸屉内，水开后约蒸12分钟至成熟即可。

鲜肉包子制作关键工艺流程如图4–5所示。

（1）擀皮

（2）上馅

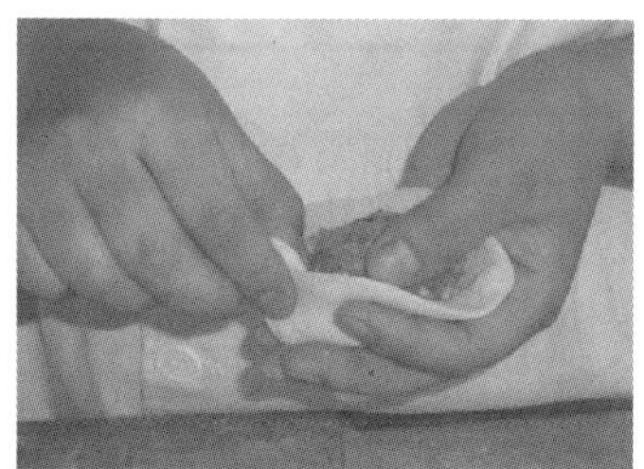
（3）成形1

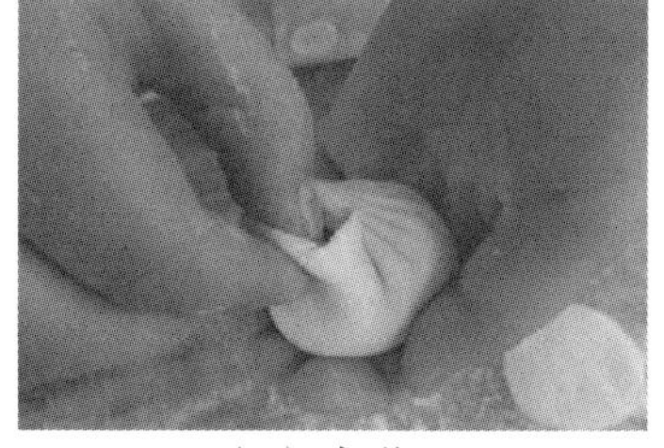
（4）成形2

（5）成形3

（6）成品（彩图13）

图4–5 鲜肉包子制作关键工艺流程

四、技术关键

（1）调制好馅心的口味。

（2）包子褶要均匀且不少于16个。

（3）掌握好蒸制时间。

五、成品特点

色泽洁白，褶距均匀，鲜嫩多汁，暄软可口。

六、考核要点及评分标准

考核内容：鲜肉包子		
考核时间：45分钟	制品规格：皮25克，馅25克	
考核数量：8个	考核形式：个人操作	
考核要点	配分（分）	得分（分）
面团软硬适度	20	
皮薄厚适宜，馅心鲜香不腻	30	
操作手法正确，干净利落	25	
形态美观，立体感强	25	
合计	100	

秋叶包的制作

1. 原料

面粉200克，猪肉馅150克，芹菜100克，泡打粉3克，酵母3克，白糖2克，温水120克，酱油、食盐、葱花、姜末、花椒粉、香油各适量。

图4–6　秋叶包

2. 制作过程

（1）将芹菜洗净、焯水、投凉后切碎；在猪肉馅中加入酱油、花椒粉、姜末拌匀，加少量清水搅成粥状，然后放入葱花、芹菜碎、香油，拌匀成馅。

（2）把面粉、泡打粉、酵母、白糖用温水和成面团，揉匀，搓成长条，下12个剂子。

（3）把剂子按扁，擀成圆皮，左手拿皮右手抹馅，然后捏成树叶形，即成秋叶包生坯，醒发。

（4）把秋叶包生坯摆入蒸屉内，水开后约蒸13分钟至成熟即可，如图4-6所示。

3. 技术关键

（1）馅心口味调正，加水要适量。

（2）包子褶要均匀，制品要形似树叶。

（3）掌握好蒸制时间。

4. 成品特点

色泽洁白，形状整齐，褶距均匀，味美暄软，鲜嫩多汁。

面团膨胀所需的条件

（1）面团内部要有能产生气体的物质或者有气体存在。面团的膨胀过程就是面团内部膨胀从而改变面团组织结构的过程。没有气体，面团就无法膨胀，这是面团膨胀的首要条件。

（2）面团要有一定的保持气体的能力。如果面团膨松无劲，那么面团内部已有的气体就会逸出，无法达到使面团膨松的目的。

手工成形法——包

包是最常用的上馅方法，如包子、饺子、汤团等大多数面点品种是用这种方法上馅的。由于各个品种的成形方法并不相同，因此上馅的数量、部位、方法也各不相同。

（1）捏褶类。如小笼包，馅心较大，打褶后要求生坯成圆形，因此馅心要放到面皮的正中心，而且托面皮的手要呈“碗”状，以便上馅。

（2）无缝类。如光头包、水晶馒头等，馅心比较小，一般将馅心放在面皮中间，包成圆形即可。

（3）卷边类。如盒子酥，它是将包馅后的面皮沿边缘卷捏成形的品种，一般是在一张面皮中间上馅，用另一张面皮覆盖上，然后沿四周卷捏。要求上馅位置居中，馅心要按得平一些。

（4）捏边类。如水饺等，馅心较大，馅要上得稍偏一些，这样便于合拢捏紧，捏紧面皮后馅心正好在中间位置。

实训案例四　银丝卷

银丝卷以制作精细、面内包入缕缕银丝而闻名。除蒸食以外，还可入炉烤至金黄色，别有一番风味。银丝卷色泽洁白，入口柔和香甜，绵软油润，令人回味无穷。北京丰泽园饭店的银丝卷颇有名气。

一、实训目标

（1）了解面团的调制方法。

（2）熟练运用抻面技法。

（3）掌握酵母的用量及生坯的醒发时间。

二、实训准备

原料	面粉625克，酵面125克，豆油300克，白糖150克，食碱适量等
工具	蒸锅、油刷、擀面杖、面刀等

三、实训步骤

（1）将面粉用温水和成面团，加入酵面揉匀、发酵。

（2）酵面发起时加入食碱揉匀，切下1/5用于制皮，另4/5加上白糖揉匀，揉至白糖溶化。

（3）把带糖酵面搓成长条，用双手拿住两头溜条，溜至粗细相等时放在案板上，撒些干面粉，抻条，抻至面条直径约为1厘米粗时刷上豆油，两面刷匀，再抻细，然后将之切成每份约60克重、6厘米长的段。

（4）把剩下的带糖酵面和不带糖的酵面加在一起揉匀，按需要的数量下剂子，将剂子擀成中间厚边薄的圆皮，把切段的面条用圆皮包好，醒发后放入开水锅中约蒸15分钟即可。

银丝卷制作关键工艺流程如图4–7所示。

（1）和面

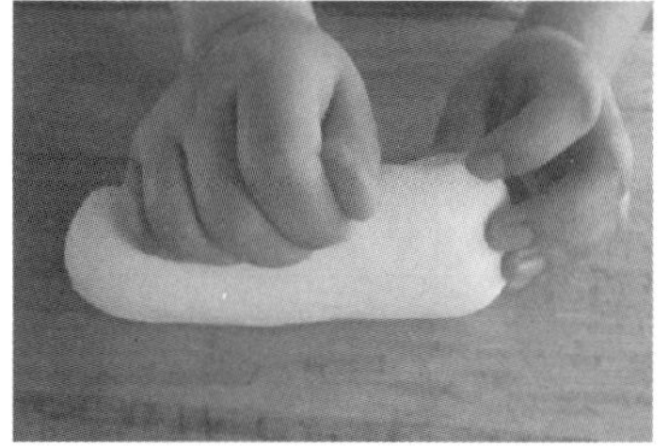
（2）揉面

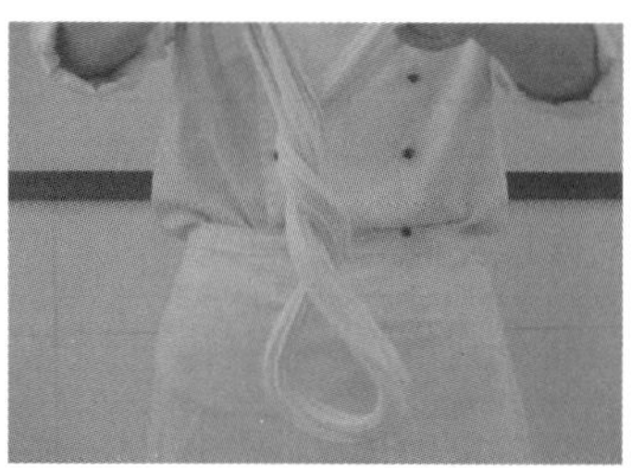
（3）溜条

（4）开条

（5）刷油

（6）切段

（7）包裹

（8）成形

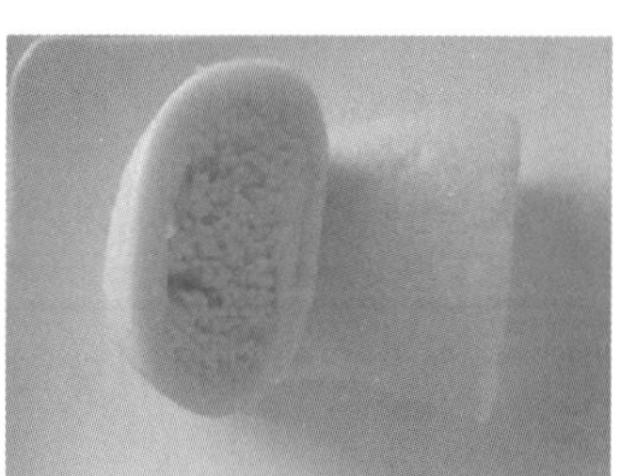
（9）成品（彩图14）

图4-7　银丝卷制作关键工艺流程

四、技术关键

（1）条要溜得粗细均匀。

（2）注意刷油量及醒发时间。

（3）掌握好成熟时间。

五、成品特点

色泽洁白，不破皮，不漏丝，不并条，丝粗细均匀，暄软可口。

六、考核要点及评分标准

考核内容：银丝卷	
考核时间：90分钟	制品规格：80克/个
考核数量：10个	考核形式：个人操作

续表

考核要点	配分（分）	得分（分）
面团兑碱合适	20	
溜条到位	20	
开条粗细均匀	30	
制品大小均匀，皮薄厚均匀	30	
合计	100	

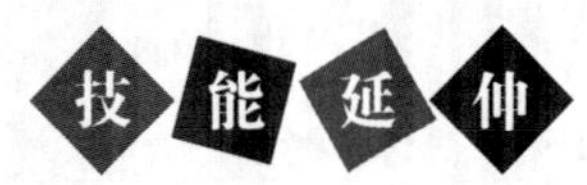

金丝卷的制作

1. 原料

面粉625克，酵面125克，豆油150克，白糖100克，鸡蛋黄1个，食碱适量等。

图4–8　金丝卷

2. 制作过程

（1）将面粉和酵面中加入食碱，用温水和成较硬的面团。

（2）取2/3的面团，与鸡蛋黄、白糖一起揉匀，揉至白糖溶化，醒发。将面团搓成长条，双手拿住两头上下抖动，进行溜条，溜好后将面条放在案板上，撒些干面粉，约打七八扣，至面条直径约为0.5厘米时，刷上豆油，再打一扣，用刀将面条切成约6厘米长的段。

（3）将剩余1/3的面团揉匀，搓成长条，下成8个剂子，用手按扁，再用擀面杖擀成中间厚、边缘薄的椭圆形饼坯，放入切段的面条包起，光面朝上放在案板上即成金丝卷生坯，醒发约12分钟。

（4）把金丝卷生坯摆入蒸屉内，大火约蒸15分钟，成熟取出。晾凉后，用刀从中间切开成两段，将丝头磕开，码入盘内即可，如图4–8所示。

3. 技术关键

（1）条要溜得均匀。

（2）注意刷油量及醒发时间。

（3）掌握好蒸制时间。

4. 成品特点

皮白不破，厚薄均匀，丝细金黄，不粘连，暄软甜香。

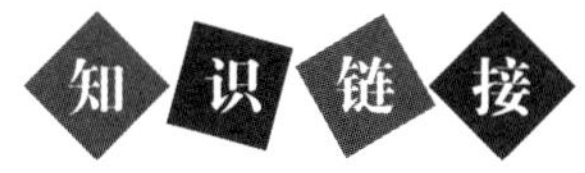

如何正确兑碱

饮食业使用的发酵面团一般是用面肥发酵而成的，因此兑碱（又称吃碱）是发酵面团调制的关键技术之一。

兑碱具有两个作用：一是中和面团中因发酵而产生的酸味；二是促进面团膨胀，使面团或制品更松软、更白。

兑碱技术比较复杂，如果用碱不当，就会影响制品的质量，因此用碱量必须正确，要根据面团的发酵程度、酵面数量、制品的要求灵活用碱。

（1）恰当掌握碱水的浓度及制法。兑碱的关键在于用碱量，要正确掌握用碱量，必须清楚碱水的浓度。目前使用的碱一般有碱面、碱块和碱水三种。兑碱时使用的碱水浓度一般要达到40%左右。在使用碱水前，应对其浓度进行测定。检验碱水浓度时，可用试剂或仪器测定，也可人工测定。人工测定的方法是：取一小块酵面投入碱水中，如能慢慢浮起，则碱水已达到40%左右的浓度；如下沉，则浓度不足（冬天可适当加热以促进碱的溶解）；如上浮太快，就超过了40%的浓度。

（2）正确掌握兑碱量。兑碱量要根据酵面质量、老嫩程度、气温、发酵时间、面肥使用量、碱水浓度及制品的要求等灵活应用。酵面多，兑碱量多；酵面少，兑碱量少；酵面发得老，兑碱量多；酵面嫩，兑碱量少；面肥用量多时，兑碱量也相应增加。季节不同，兑碱量也有变化，天热时比天冷时兑碱量要多。有句行话是“天冷不易走碱，天热容易走碱”。走碱又称逃碱。气温高时，菌体繁殖快，兑碱后，酵面中的酸味因中和作用一时消失，但静置一段时间后，醋酸菌又继续繁殖增加，酸味很快加重，这时就必须再加碱水中和；在天气冷、温度低的情况下，醋酸菌不易繁殖，兑碱后较长时间无需补碱。兑碱量是保证酵面制品质量的关键。兑碱量多时称为重碱，重碱制品色泽发黄，味道苦涩，维生素损失多；兑碱量少时称为欠碱，欠碱制品色泽灰白、无光、发硬。兑碱量得当时称为正碱，正碱制品才能体现出酵面制品的特点。

（3）掌握兑碱方法。兑碱方法一般是将碱水倒入扒开的面团中，随即用手将面团反复揉搓，使碱水迅速而均匀地渗入发酵面团。具体手法是：在案板上均匀撒上一层干面粉，把发酵面团放在上面，摊开，中间扒开一个坑，倒入碱水，拎起周围的面团均匀地蘸点碱水，折叠后将面团横过来，用拳头或手掌向四边摅开（摅面时手用力的方向是向前而不是向下，用力向下会撕断面筋，不利于发酵）。如此反复多次，直到碱水均匀地融在面团中即可。如果未将碱水搋匀，制品成熟后会发生黄白相间的“花碱”现象。

（4）掌握检验兑碱程度的常用方法。酵面加碱后，对兑碱程度的检验一般是采用感官检验法，常用的有嗅、看、尝、抓、蒸、烤、烙等几种。

实训案例五 发面糖饼

发面糖饼是选用膨松面团包入白糖馅心，经过醒发后烙制而成，暄软香甜。

一、实训目标

（1）掌握包馅方法。

（2）掌握醒发程度。

（3）掌握成熟方法。

二、实训准备

原料	面粉250克，白糖70克，熟面粉35克，温水130克，酵母3克，泡打粉2克，青丝、红丝、熟芝麻等各适量
工具	饼锅、油刷、擀面杖等

三、实训步骤

（1）将白糖、熟面粉、熟芝麻、青丝、红丝、少许水混合，调成糖馅。

（2）把面粉、酵母、泡打粉用温水和成面团，揉匀，搓成长条，下10个剂子。

（3）将每个剂子按扁，逐个包入调好的糖馅，封好口后擀成圆饼状，放在案板上醒发。

（4）将饼锅加热到180摄氏度，放入饼坯，采用油烙的方法烙成两面金黄即可。

发面糖饼制作关键工艺流程如图4–9所示。

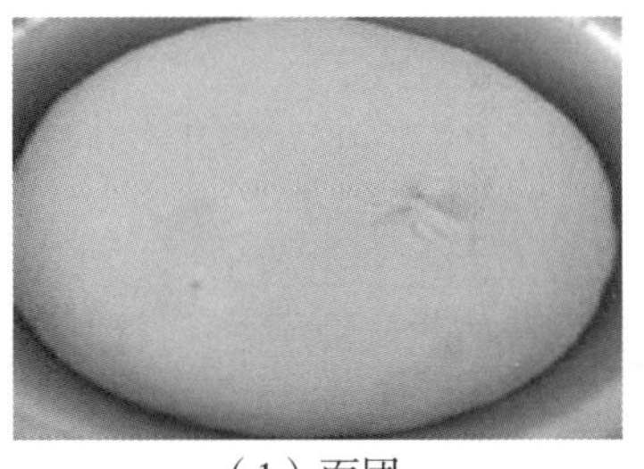
（1）面团

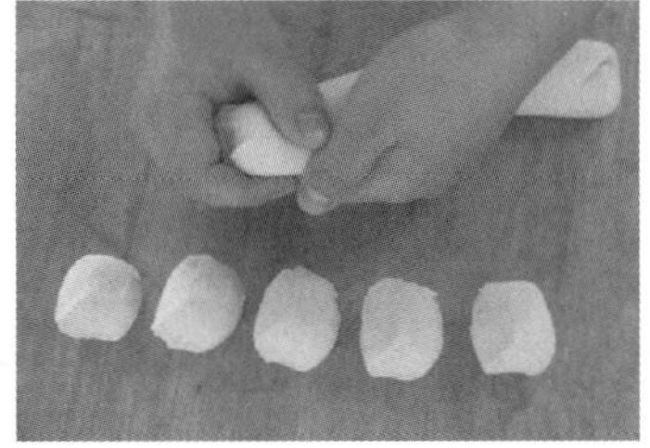
（2）下剂

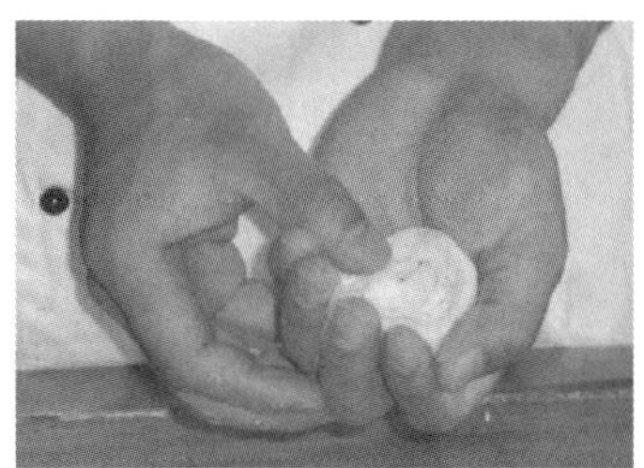
（3）上馅

（4）擀饼

（5）油烙

（6）成品（彩图15）

图4-9　发面糖饼制作关键工艺流程

四、技术关键

（1）掌握好馅心用料比例。

（2）掌握好包馅方法。

（3）注意烙制方法及饼锅的温度。

五、成品特点

大小均匀，不流糖，色泽金黄，暄软香甜。

六、考核要点及评分标准

考核内容：发面糖饼		
考核时间：45分钟	制品规格：皮35克，馅15克	
考核数量：6张	考核形式：个人操作	
考核要点	配分（分）	得分（分）
皮、馅软硬适度	25	
生坯醒发适度	30	
成熟火候适度，色泽均匀	25	
甜香、暄软	20	
合计	100	

技能延伸

螺丝包的制作

1.原料

面粉250克，白糖70克，熟面粉35克，酵母3克，泡打粉2克，温水130克，青丝、红丝各适量。

图4-10 螺丝包

2.制作过程

（1）将白糖、熟面粉、青丝、红丝、少许水混合调成馅心。

（2）把面粉、酵母、泡打粉用温水和成面团，揉匀，搓成长条，下剂。

（3）将每个剂子按扁，逐个包入调好的馅心，再用花钳在螺丝包生坯四周掐上花边，然后醒发。

（4）将醒好的螺丝包生坯放入开水锅约蒸15分钟即可，如图4-10所示。

3.技术关键

（1）掌握好馅心用料比例。

（2）钳花要均匀。

4.成品特点

色泽洁白，钳花美观，香甜暄软。

知识链接

发酵面团的技术关键

1.了解面粉质量

根据制品的需要选用不同的面粉。为了达到理想的发酵效果，发酵硬质粉时，可适当提高水温，减低面团筋力，以利于气体生成；发酵软质粉时，适当降低水温，并加少许食盐，以增加面团筋力，提高面团保持气体的能力。

2.熟悉酵种性能

酵种的发酵能力直接影响面团的发酵效果。酵种发酵能力强，则面团发酵速度快；酵种发酵能力弱，则面团发酵速度慢。酵母的含量对面团发酵的速度、时间有很大影响。

3. 掌握掺水量

在发酵过程中，掺水量不同，面团的软硬程度不同，而面团的软硬程度与面团产生气体和保持气体的能力有密切关系。面团软，则发酵速度快，发酵时间短，发酵时易产生二氧化碳气体，但也易散失；面团硬，有抗二氧化碳气体产生的性能，发酵时间长，但面筋网络紧密，保持气体能力良好。

4. 控制温度

温度是影响酵母菌生长繁殖、分解有机物的主要因素之一。这是因为在不同温度下，酵母菌的活动能力不同。例如：0摄氏度以下时，酵母菌没有活动能力；0～30摄氏度时，酵母菌活动能力随温度升高不断增强；30～38摄氏度时，酵母菌的活动能力最强，繁殖最快；38～60摄氏度时，酵母菌活力随温度升高而降低；60摄氏度以上时，酵母菌死亡，彻底丧失生长繁殖能力。由此可见，环境温度在30~38摄氏度时，最适宜发酵。

5. 合理安排发酵时间

通常情况下，发酵时间越长，产生的气体越多，但若发酵时间过长，则面团容易产生酸味，面团的弹性也变差，制品坍塌不成形；发酵时间短，则产生气体少，面团发酵不足，制品色泽差，不够暄软。因此，时间的掌握是非常重要的。

6. 正确兑碱

兑碱是发酵面团调制的关键技术之一，掌握好兑碱方法，才能制作出符合要求的制品。

任务二　物理膨松面团制品

实训案例一　清蛋糕

清蛋糕，也称海绵蛋糕，是利用蛋白起泡性能使蛋液中充入大量的空气，进而使面团经烘烤而成。其因制品内部结构类似于多孔的海绵而得名。

一、实训目标

（1）了解清蛋糕的制作原料。

（2）掌握清蛋糕制作方法。

（3）能独立完成清蛋糕的制作。

二、实训准备

原料	鸡蛋1000克，白砂糖500克，低筋面粉500克，色拉油100克，奶油60克，水200克
工具	烤箱、烤盘或蛋糕模具等

三、实训步骤

（1）将鸡蛋、白砂糖、奶油用低速搅拌均匀，加入低筋面粉，用低速搅拌至面粉与鸡蛋液融合后改用高速搅打，至蛋糊膨胀有光泽，能拉出长尖时，分多次加入水、色拉油，搅拌成乳白色有光泽的蛋糕糊。

（2）将搅打好的蛋糕糊装入烤盘或模具中，以八分满为宜。

（3）将蛋糕糊放入上火200摄氏度、下火180摄氏度的烤箱中烘烤大约35分钟，当面糊表面呈棕黄色，且用牙签插入后无粘连现象或用手按下后可弹起即成熟。

（4）制品出炉后稍散热气即可脱模，脱模后放在冷却架上冷却备用。

清蛋糕制作关键工艺流程如图4–11所示。

（1）搅打糖、蛋

（2）加入面粉

（3）抽打蛋糊

（4）加入水、油

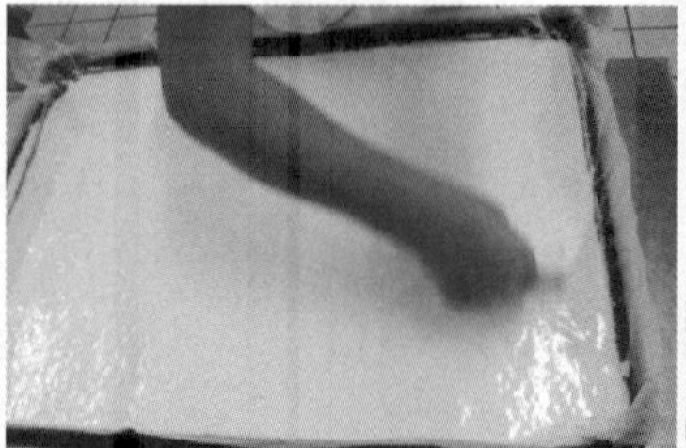
（5）装模

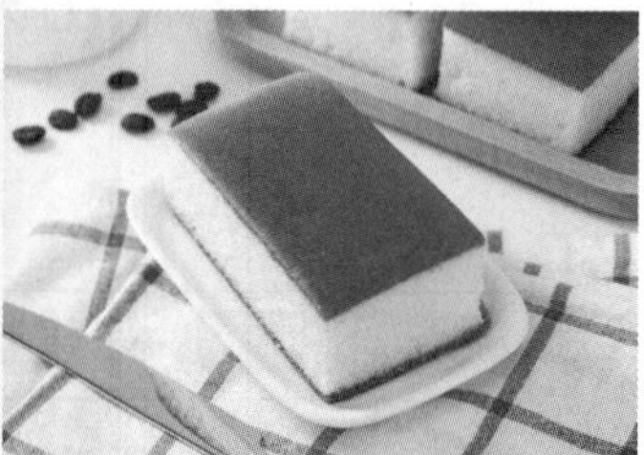
（6）成品（彩图16）

图4–11 清蛋糕制作关键工艺流程

四、技术关键

（1）以22～25摄氏度的新鲜鸡蛋为宜。

（2）掌握好每个环节的搅打时间和程度。

（3）搅打面粉时不宜上劲。

（4）掌握好烘烤的时间和温度。

五、成品特点

外部色泽棕黄，内部暄软香甜。

六、考核要点及评分标准

考核内容：清蛋糕		
考核时间：60分钟	制品规格：40厘米×60厘米	
考核数量：1盘	考核形式：小组操作	
考核要点	配分（分）	得分（分）
面糊稠度适宜	20	
烘烤火候、时间恰当	30	
制品暄软香甜	25	
操作手法正确，干净利落	25	
合计	100	

蛋糕卷的制作

1. 原料

低筋面粉280克，蛋清480克，蛋黄250克，白砂糖140克，糖粉100克，塔塔粉6克，食盐3克，植物油90克，水90克，泡打粉4克。

图4–12 蛋糕卷

2. 制作过程

（1）将蛋清、塔塔粉、白砂糖搅打至中性发泡。

（2）将蛋黄、糖粉、食盐、植物油乳化，然后加入水拌匀，再分次加入泡打粉、面粉翻拌均匀制成蛋黄糊。

（3）取1/3打发的蛋清与蛋黄糊搅拌均匀，然后与剩下的蛋清拌匀。

（4）将拌匀的蛋糕糊装入模具中，放入上火190摄氏度、下火160摄氏度的烤箱中烘烤约18分钟。

（5）将烤好的蛋糕散热、脱模、冷却后，从一侧卷至另一侧，使之成为筒状，然后切成适合的宽度即成蛋糕卷，如图4-12所示。

3.技术关键

（1）选料要严格，配料要准确。

（2）掌握好蛋糕糊的制作方法。

（3）卷筒松紧适度。

4.成品特点

色泽棕黄，内部暄软可口，卷筒松紧适度。

物理膨松的基本原理

物理膨松的基本原理是以充气方法使面团中富含空气，再经过加热使面团体积膨胀、组织疏松。用作膨松充气的原料必须是胶状物质或黏稠物，如鸡蛋和油脂，它们具有包含气体并不使之逸出的特性。

以鸡蛋制品为例，鸡蛋的蛋清有良好的起泡性能，通过向一个方向高速抽打，可以打进许多空气，同时蛋白质也会发生变化：球蛋白的表面张力被破坏，从而提高了球蛋白的黏度，有利于打入的空气被保持在内部。蛋白胶体具有黏性，空气被稳定地保持在蛋泡内，当受热后，空气膨胀，鸡蛋制品就会疏松多孔，柔软而有弹性。

实训案例二　奶油泡芙

泡芙是puff的音译，也叫气鼓或哈斗。泡芙类制品是以液体原料（水或牛奶）、油脂、面粉、鸡蛋等为主要原料制作的一类点心。

一、实训目标

（1）掌握奶油泡芙的制作方法。

（2）掌握奶油泡芙的成熟方法。

二、实训准备

原料	中筋面粉250克，黄油225克，鸡蛋400克，水225克，白砂糖4克，食盐4克，奶油馅料适量
工具	烤箱、烤盘、裱花袋等

三、实训步骤

（1）把水、黄油、白砂糖、食盐放入锅中煮沸，将中筋面粉过筛，加到煮沸的水、黄油等原料液体中，一边加一边搅拌，将面粉烫透、烫熟，然后离火，揉制成团。

（2）将鸡蛋打散，待烫透、烫熟的面团温度达到60摄氏度左右时，逐渐加入蛋液，抽打至面糊软硬适度、有光泽，面糊提起来可呈倒三角形落下即成泡芙糊。

（3）将泡芙糊装入放有裱花嘴的裱花袋中，挤成所需要的形状，即成泡芙皮生坯。

（4）将泡芙皮生坯放入上火200摄氏度、下火170摄氏度的烤箱内烘烤约10分钟，当泡芙皮膨胀起来以后，把上、下火的温度同时下降10摄氏度，继续烤15分钟左右，直到表面呈棕黄色即可出炉。

（5）泡芙皮完全冷却后，用泡芙针将奶油馅料打进去，即成奶油泡芙。

奶油泡芙制作关键工艺流程如图4–13所示。

（1）水、油加热

（2）加入面粉

（3）烫面团

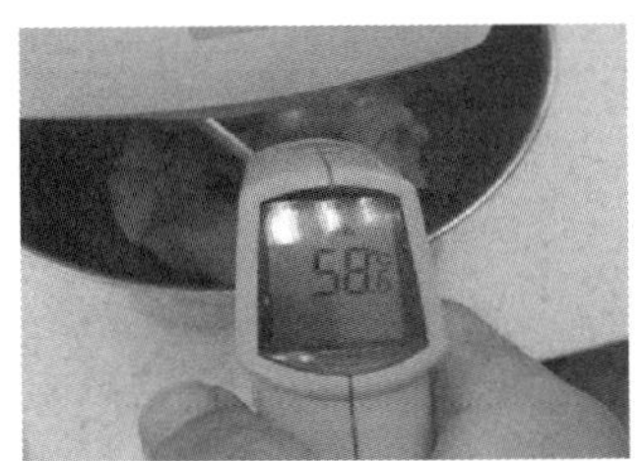

（4）面糊测温

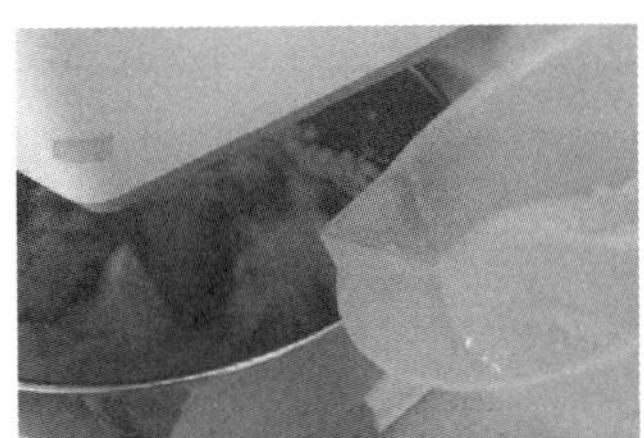

（5）加入蛋液

（6）成糊

图4–13　奶油泡芙制作关键工艺流程

（7）成形1

（8）成形2

（9）成品（彩图17）

图4–13　奶油泡芙制作关键工艺流程（续）

四、技术关键

（1）面粉一定要烫透、烫熟。

（2）掌握好鸡蛋加入的时间及用量。

（3）掌握好烘烤的时间及温度。

五、成品特点

色泽棕黄，甜香适口。

六、考核要点及评分标准

<table>
<tr><td colspan="3">考核内容：奶油泡芙</td></tr>
<tr><td>考核时间：60分钟</td><td colspan="2">制品规格：皮20克，馅10克</td></tr>
<tr><td>考核数量：5个/人</td><td colspan="2">考核形式：小组操作</td></tr>
<tr><td>考核要点</td><td>配分（分）</td><td>得分（分）</td></tr>
<tr><td>面糊稠度适当</td><td>20</td><td></td></tr>
<tr><td>形态端正、规格一致</td><td>25</td><td></td></tr>
<tr><td>内部组织松软，无生心</td><td>25</td><td></td></tr>
<tr><td>烘烤火候恰当，色泽均匀</td><td>30</td><td></td></tr>
<tr><td>合计</td><td>100</td><td></td></tr>
</table>

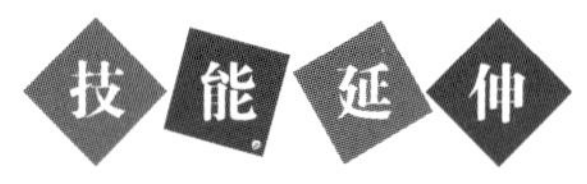

酥皮泡芙的制作

1. 原料

图4-14 酥皮泡芙

低筋面粉100克，黄油100克，糖粉75克，泡芙面糊300克，馅料适量。

2. 制作过程

（1）将黄油、糖粉搅拌乳化，加入低筋面粉搅拌至无面粉颗粒，揉成面团，然后将面团搓成圆柱形，用保鲜膜包好，冷冻约25分钟。

（2）将面团取出切成厚约0.1厘米的片，即为酥皮（可以立即使用，也可放入冰箱中冷冻备用）。

（3）将泡芙面糊挤在烤盘上，然后将切好的酥皮覆于泡芙坯表面，即成酥皮泡芙皮生坯。

（4）将酥皮泡芙皮生坯放入上火200摄氏度、下火200摄氏度的烤箱内烘烤约15分钟，当酥皮泡芙皮膨胀起来以后，把上火调至180摄氏度、下火调至160摄氏度，继续烤约15分钟，直到酥皮开裂、定型，表面呈棕黄色即可出炉。切记要打开炉门3分钟后再将制品取出。

（5）酥皮泡芙皮完全冷却后，用泡芙针将馅料打进去即可，如图4-14所示。

3. 技术关键

（1）黄油、糖粉一定要打发。

（2）拌入黄油和糖粉中的面粉搅拌均匀即可，不宜上劲。

（3）酥皮冷冻适度。

（4）掌握好烘烤温度及时间。

4. 成品特点

外表棕黄，起酥均匀，香甜适口。

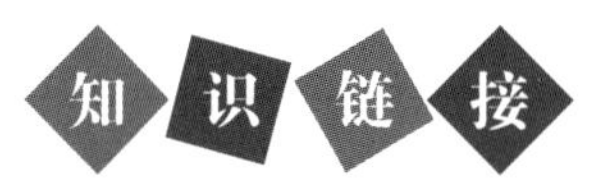

调制物理膨松面团的技术关键

1. 严格选料和用料

原料是面团实现膨松的关键条件之一，不具有良好的气体保持能力的原料，要想达到理想的膨松效果是不可能的。如蛋糕面团的调制必须使用新鲜鸡蛋，而且是越新鲜越好，因为新鲜鸡蛋的蛋白胶体稠、浓度高，含氮物质多，因此能打进的气体多（抽打后体积能增加3倍以上），且新鲜的蛋液保持气体的性能稳定，容易打发。存放时间过久的鸡蛋和散黄蛋均不宜使用。蛋糕面团对面粉的要求也较高，宜用粉质细腻而筋性不强的低筋面粉，如使用筋性较强的面粉，面团容易上劲而排出气体，这样就不易达到制品膨松的效果。

2. 注意调制时的每一个环节

调制物理膨松面团的关键是打发蛋液。将蛋液放入打蛋机后（一定要保持盆内干净，无水、无油、无碱、无盐），顺一个方向高速抽打，至蛋液呈干厚浓稠的泡沫状，颜色发白，能立住筷子时停止打发，然后加入面粉拌匀即可（加入面粉后不宜再高速抽打，以免面团上劲）。

任务三　化学膨松面团制品

实训案例一　香蕉酥

香蕉酥是一个单酥面团品种，其形似香蕉，色泽金黄，酥松香甜。

一、实训目标

（1）学会香蕉酥的制作方法。

（2）了解单酥面团。

（3）掌握香蕉酥的配方。

二、实训准备

原料	面粉150克，鸡蛋50克，白糖50克，色拉油35克、香精、泡打粉各少许。蛋黄1个（刷面）
工具	烤盘、毛刷等

三、实训步骤

（1）面粉扒坑，将白糖和鸡蛋放在坑内乳化，加入色拉油、香精、泡打粉和成面团，揉匀。

（2）将面团搓条、下剂，将剂子搓成中间稍粗两边稍细的形状，再整理成香蕉形，表面刷上蛋黄即成香蕉酥生坯。

（3）将香蕉酥生坯放入上火175摄氏度、下火165摄氏度的烤箱烘烤约15分钟至表面呈金黄色即可。

香蕉酥制作关键工艺流程如图4–15所示。

（1）和面

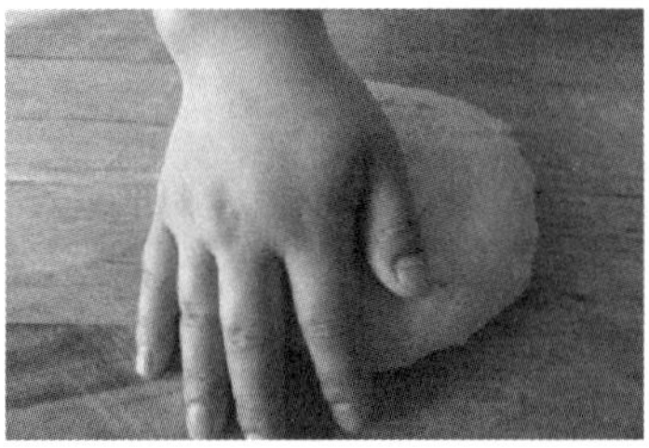

（2）成团

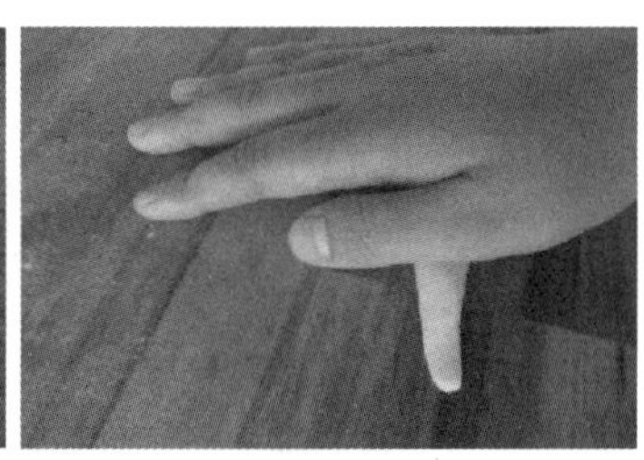

（3）成形

（4）刷蛋液

（5）成品（彩图18）

图4–15　香蕉酥制作关键工艺流程

四、技术关键

（1）配料要准确。

（2）面团不宜上劲。

（3）掌握好烘烤温度及时间。

五、成品特点

色泽金黄，形似香蕉，松酥香甜。

六、考核要点及评分标准

考核内容：香蕉酥		
考核时间：30分钟	制品规格：25克/个	
考核数量：10个	考核形式：个人操作	
考核要点	配分（分）	得分（分）
配料要准确	30	
面团不要上劲	30	
形似香蕉，大小均匀	20	
烘烤时间恰当	20	
合计	100	

实训案例二　桃酥

桃酥是一种老少皆宜的食品，其以干、酥、脆、甜的特点闻名全国。桃酥主要由面粉、鸡蛋、油等制成，含有碳水化合物、蛋白质、脂肪、维生素及钙、钾、磷、钠、镁、硒等矿物质。

一、实训目标

（1）学会桃酥制作方法。

（2）了解单酥面团。

（3）掌握桃酥的配方。

二、实训准备

原料	面粉125克，白糖35克，猪油50克，鸡蛋30克，臭粉2克，核桃仁50克，黑芝麻适量
工具	烤盘、模具、刮板等

三、实训步骤

（1）将白糖、猪油、鸡蛋（留出少许蛋液用于刷面）放在一起搅打乳化。

（2）加入臭粉、核桃仁拌匀，分多次加入面粉，采用拌、压、折、叠的方法使其成团。

（3）将面团下10个剂子，将剂子按扁，在中间刷上蛋液，撒上少许黑芝麻成桃酥生坯。

（4）将桃酥生坯放入上火175摄氏度、下火165摄氏度的烤箱中烘烤约20分钟至成熟即可。

桃酥制作关键工艺流程如图4-16所示。

（1）糖、油、鸡蛋乳化

（2）拌臭粉、核桃仁

（3）成剂

（4）成形

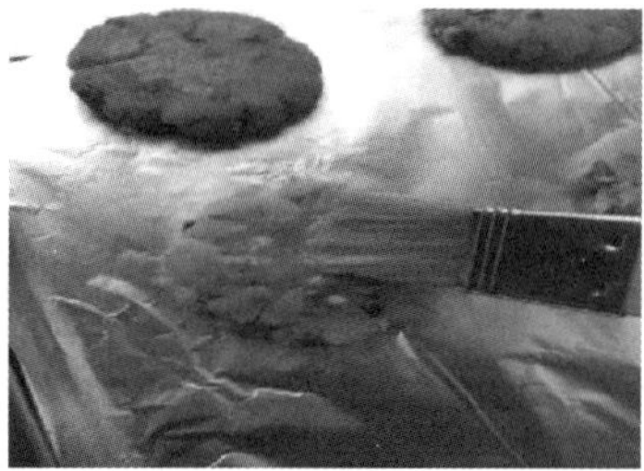

（5）刷蛋液

（6）成品（彩图19）

图4-16　桃酥制作关键工艺流程

四、技术关键

（1）面团不宜上劲。

（2）蛋液不宜刷得过多。

（3）掌握好烘烤的时间和温度。

五、成品特点

香酥适口，大小均匀，坍塌度高。

六、考核要点及评分标准

考核内容：桃酥	
考核时间：45分钟	制品规格：25克/个
考核数量：10个	考核形式：个人操作

续表

考核要点	配分（分）	得分（分）
配料比例合适	20	
面团不可上劲	30	
香酥适口	25	
形态完整，坍塌度高	25	
合计	100	

技能延伸

甘露酥的制作

1. 原料

面粉250克，猪油（或黄油）125克，苏打粉5克，白糖100克，鸡蛋25克，泡打粉5克，白芝麻少许。

图4-17　甘露酥

2. 制作过程

（1）将猪油（或黄油）、白糖、20克鸡蛋放在一起搅打乳化，然后加入苏打粉、泡打粉拌匀，最后分多次加入面粉，搅拌成团。

（2）将面团下30个剂子，将剂子按扁，在中间刷上蛋液、撒上白芝麻即成甘露酥生坯。

（3）将甘露酥生坯放入上火175摄氏度、下火165摄氏度的烤箱中烘烤约20分钟至成熟即可，如图4-17所示。

3. 技术关键

（1）面团不宜上劲。

（2）蛋液不宜刷得过多。

（3）配料比例要合适。

（4）掌握好烘烤的时间和温度。

4. 成品特点

香酥适口，大小均匀，坍塌度高。

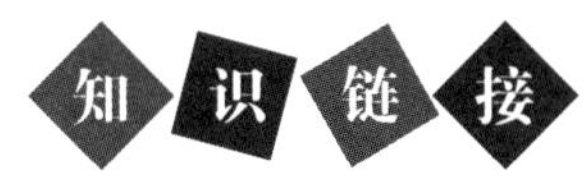

工艺手段着色——刷蛋液着色

对面点生坯进行刷蛋液，是刷蛋液型面点图案制作的重要一环，也是应用原料固色的方法之一。在点心上面刷一层蛋液，使蛋液经烘烤而产生金黄的色泽，美观且令人有食欲。

刷蛋液着色的原则是：用少量蛋液将制品表面涂抹均匀。刷蛋液的方法有两种。一是传统的生坯刷蛋液法。这种方法的优点是蛋液经烘烤后不易开裂。二是炉前刷蛋液法。

刷蛋液操作应注意的事项如下：

（1）蛋液通常以鲜蛋为主要原料，加入1%的植物油（以增加光泽）搅匀即可。

（2）刷子的选用要以制品宽窄为标准。制品宽大的选用排笔刷，反之则用小刷子。

（3）刷蛋液时，蘸取的蛋液不能过多或过少。如果蛋液过多，制品成熟后易起“疹点”，蛋液过少，又达不到着色的目的。

（4）刷蛋液的动作要快慢适度，轻重适度。

（5）注意：不同制品对刷蛋液的要求不同。

工艺手段着色——烘烤着色

有些面点的色泽是在烘烤过程中因某些物理或者化学变化而出现的色彩。在高温的作用下，生坯中的水分蒸发，淀粉、糖类等焦化，其表面会形成金黄、深黄、棕黄等色泽。烘烤着色的关键是温度。制品的颜色是随着烘烤温度的高低和烘烤时间的长短而变化的。一般情况下，温度稍高，制品外层的颜色偏深；反之，制品明度和颜色偏浅。不同的面点品种有不同的着色要求，需要的火力不同，烘烤时间也不一样。

实训案例三　油条

油条，又称油馍、油果子、油炸果、油炸桧，是一种长条形中空的油炸面食，口感松脆有韧劲。

一、实训目标

（1）掌握油条的基本配方。

（2）掌握油条的制作方法。

（3）掌握油条的成熟方法。

二、实训准备

原料	面粉500克，油条膨松剂5克，小苏打5克，泡打粉5克，食盐5克，白糖5克，鸡蛋1个，水250克等
工具	走槌、炸锅、筷子等

三、实训步骤

（1）将油条膨松剂、小苏打、泡打粉、食盐、白糖用水搅化，加入鸡蛋搅匀，加入面粉搋成光滑面团，醒发20分钟左右。

（2）将面团再次揉至光滑，常温或放冰箱冷藏室醒发4小时以上。

（3）将醒好的面团放到面板上抻长后用走槌擀平，厚度约0.8厘米，然后切成宽约3厘米的小长条，两个为一组叠在一起（中间可少刷点水），用筷子在小长条的中间按压一下，即成油条生坯。

（4）将油烧至约200摄氏度时，将油条生坯抻长下锅，待飘起后用筷子不断翻炸，直至油条膨胀、色泽金黄即可。

油条制作关键工艺流程如图4-18所示。

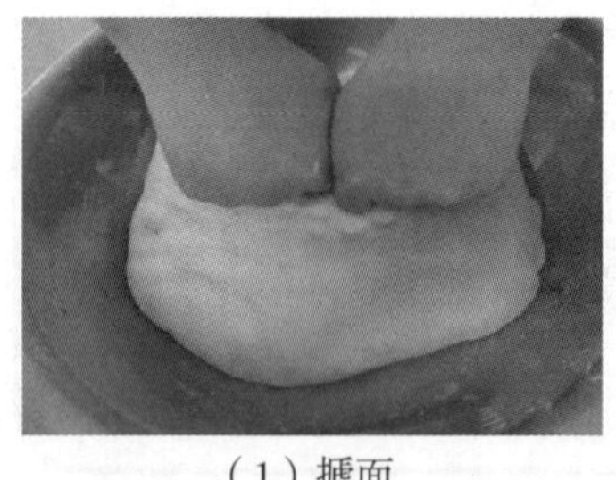

（1）搋面

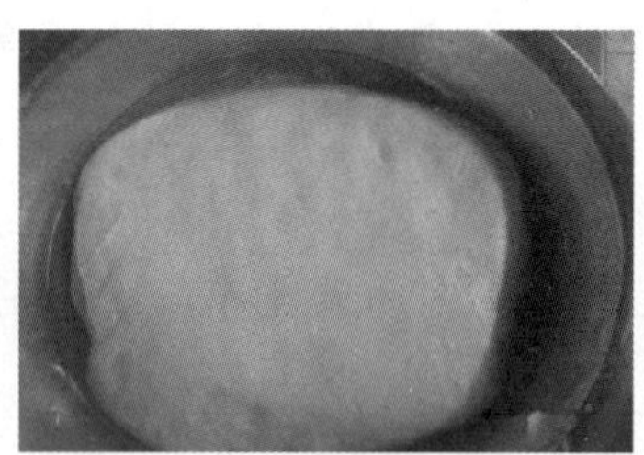

（2）醒面

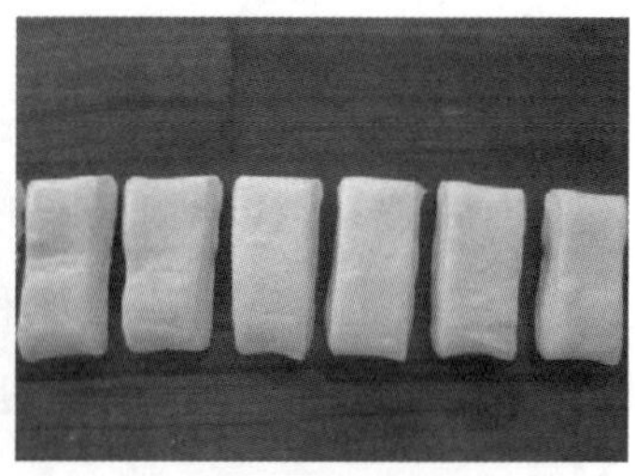

（3）分剂

（4）成形

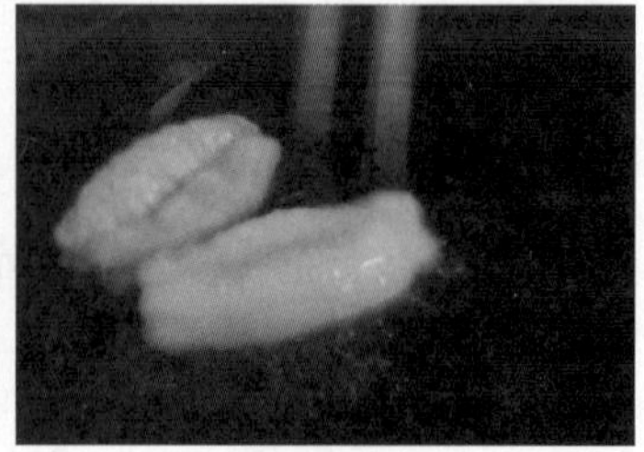

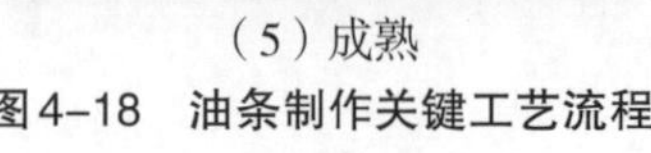

（5）成熟

（6）成品（彩图20）

图4-18　油条制作关键工艺流程

四、技术关键

（1）面团要揉透、醒好。

（2）两个小长条要黏合好。

（3）要控制好炸制时的油温。

（4）油条生坯下锅飘起后立即翻炸。

五、成品特点

大小均匀，形态饱满，色泽金黄，入口脆香。

六、考核要点及评分标准

考核内容：油条		
考核时间：30分钟	制品规格：50克/个	
考核数量：15根	考核形式：小组操作	
考核要点	配分（分）	得分（分）
配料比例合适	20	
面团醒发适度	30	
色泽金黄，入口酥香	25	
形态饱满，大小均匀	25	
合计	100	

油条的由来

《宋史》记载，南宋高宗绍兴十一年，秦桧一伙卖国贼以“莫须有”的罪名杀害了岳飞父子，南宋军民对此无不义愤填膺。当时在临安风波亭附近有两个卖早点的饮食摊贩，各自抓起面团，分别搓捏了形如秦桧和王氏的两个面人，绞在一起放入油锅里炸，并称之为“油炸桧”。一时，买早点的群众心领神会地喊起来：“吃油炸桧！吃油炸桧！”为了发泄心中愤恨，人们争相仿效。从此，各地熟食摊上就出现了油条这一食品。至今，有些地方仍把油条称为“油炸桧”。

矾、碱、盐面团的调制

将明矾、食碱、食盐分别碾细，按比例配合在一起，搅拌均匀，加水溶化至搅起“矾花”后，放入面粉中立即搅动抄拌，揉搋成面团，然后用双手握拳按次序搋捣。边搋捣边叠，反复四五次，每搋捣一次，要醒面一段时间（以免面团过于上劲），最后把叠好的面团翻个面，抹上一层油，盖上湿布醒面，面醒好后倒在抹过油的案板上即可制作各式制品。这样的面团制品特别松脆，但面团内的营养价值已受到相当大的破坏。

项目小结

本项目分为生物膨松面团制品、物理膨松面团制品、化学膨松面团制品3个学习任务，共10个实训案例。通过实训案例和延伸制品的学习，学生可以掌握生物膨松制品、物理膨松制品、化学膨松制品的制作过程、技术关键、成品特点及考核标准，为以后的拓展学习奠定基础。

项目测试

一、选择题

1. 最适宜制作馒头的面粉是（　　）。

A. 高筋面粉　　B. 中筋面粉　　C. 低筋面粉　　D. 无筋面粉

2. 制作花卷面团所用面粉与水的比例是（　　）。

A. 1∶1　　B. 2∶1　　C. 3∶1　　D. 4∶1

3. 鲜肉包子蒸制约（　　）成熟。

A. 6分钟　　B.8分钟　　C.10分钟　　D.12分钟

4. 发酵面团重碱时，面团色泽（　　）。

A. 发黄　　B. 青白　　C. 灰白　　D. 洁白

5. 制作发面糖饼时，饼锅温度以（　　）摄氏度为宜。

A. 130　　B.150　　C.180　　D.210

6. 制作清蛋糕时，鸡蛋温度最好控制在（　　）摄氏度为宜。

A. 15　　B.25　　C.35　　D.45

7. 烘烤蛋糕卷时，烤箱温度上火（　　）摄氏度、下火（　　）摄氏度。

A. 150/130　　B.160/150　　C.170/160　　D.190/160

二、判断题（正确的打“√”，错误的打“×”）

1. 豆沙包应采用无缝包法收口。（　　）
2. 化学膨松面团，就是将适量的化学膨松剂加入面粉中调制而成的面团。（　　）
3. 制作花卷时，面团不宜过软，否则制品不美观。（　　）
4. 发酵面团，即在面粉中加入适量发酵剂，用热水调制而成的面团。（　　）
5. 蝴蝶卷采用的是单卷法。（　　）
6. 小笼包的成形方法是无缝包法。（　　）
7. 环境温度为30～38摄氏度时酵母菌的活动能力最强，繁殖最快。（　　）
8. 发酵面团兑碱可以使面团更松、更白。（　　）
9. 将搅打好的蛋糕糊装入烤盘或模具中，以八分满为宜。（　　）
10. 炸制油条时，油温应控制在200摄氏度左右。（　　）

项目五　油酥面团制品

学　习　目　标

- **方法能力目标**

  掌握油酥面团的性质、调制方法及成形原理。

- **专业能力目标**

  掌握油酥面团制品的制作方法及技术关键。

- **社会能力目标**

  将所学灵活运用于生活实践，推动油酥面团制品及其制作方法的发展与创新。

项　目　导　读

油酥面团是以油脂和面粉为主要原料调制而成的面团。其制作工艺精细、独特。用这种面团制作的品种具有体积膨松、色泽美观、口味酥香、富有营养的特点。油酥面团的品种很多，常见的品种有黄桥烧饼、花式酥点、千层酥、广式月饼、杏仁酥等。油酥面团按制作特点可分为层酥面团和单酥面团两大类。

任务一　层酥面团制品

实训案例一　椒盐饼

椒盐饼是用面粉、猪油、食盐、花椒粉等制成。馅心椒盐味浓，表皮香酥适口。

一、实训目标

（1）学会制作椒盐饼。

（2）掌握椒盐馅的调制方法。

（3）掌握包馅技巧。

二、实训准备

原料	面粉200克，冷水60克，猪油75克，白糖60克，熟面粉50克，花椒粉、食盐、熟芝麻各适量
工具	烤箱、擀面杖等

三、实训步骤

（1）用120克面粉加60克冷水、25克猪油制成水油面；用80克面粉加40克猪油制成干油酥。

（2）用白糖、熟面粉、花椒粉、食盐、熟芝麻、10克猪油调成椒盐馅。

（3）采用大包酥的方法将干油酥包入水油面中，擀成厚约0.2厘米、长约21厘米的长方片，然后卷起，分坯下8个剂子，包入椒盐馅，收口向下擀成椭圆形，表面蘸上芝麻，再擀压一次，切两半，即成椒盐饼生坯。

（4）将椒盐饼生坯放入上火200摄氏度、下火180摄氏度的烤箱中烘烤约20分钟至成熟即可。

椒盐饼制作关键工艺流程如图5-1所示。

（1）包酥

（2）开酥

（3）卷起

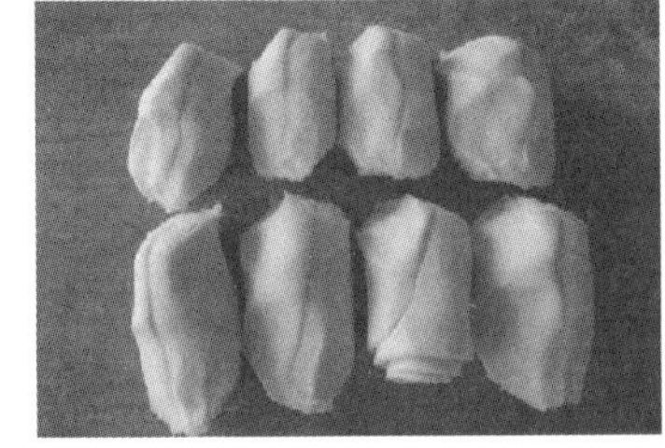
（4）分坯

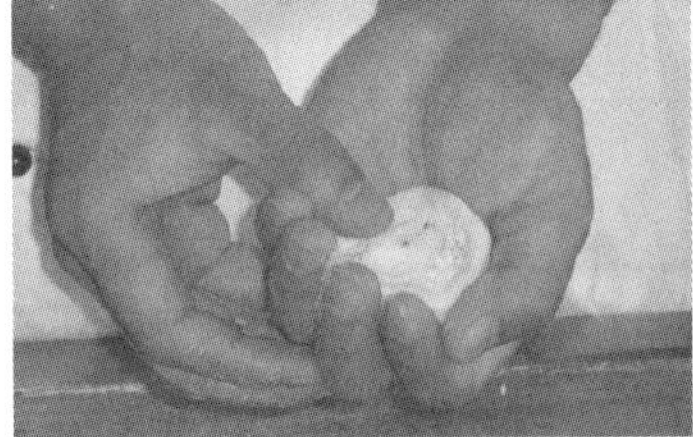
（5）上馅

（6）成形1

（7）成形2

（8）成品（彩图21）

图5-1　椒盐饼制作关键工艺流程

四、技术关键

（1）包酥要正，擀片要匀，收口要紧。

（2）馅心配料比例要恰当。

（3）掌握好烘烤的时间和温度。

五、成品特点

色泽金黄，层次清晰，香酥适口。

六、考核要点及评分标准

考核内容：椒盐饼	
考核时间：60分钟	制品规格：25克/个
考核数量：8个	考核形式：个人操作

续表

考核要点	配分（分）	得分（分）
馅心口味恰当	30	
面团软硬合适	20	
开酥手法正确	30	
制品色泽金黄，层次清晰	20	
合计	100	

芝麻酥卷的制作

1.原料

面粉250克，冷水75克，芝麻25克，猪油80克，花椒粉、泡打粉、食盐各适量。

2.制作过程

（1）将100克面粉加50克猪油、食盐、花椒粉制成干油酥，再把150克面粉加冷水、30克猪油、泡打粉制成水油面，揉匀。

（2）用水油面包上干油酥，擀成长方片，然后卷起，下10个剂子。

（3）将剂子从中间向两头收口处擀薄，卷起，静置10分钟，然后将剂子旋转90度，擀薄、卷起，再擀成长条形，表面刷水、蘸上芝麻即成芝麻酥卷生坯，摆入烤盘。

（4）放入上火200摄氏度、下火180摄氏度的烤箱中，烘烤15分钟左右见饼面鼓起，四周边缘处变硬，即成熟，如图5-2所示。

图5-2　芝麻酥卷

3.技术关键

（1）掌握好泡打粉的用量。

（2）生坯叠卷要紧。

（3）掌握好烘烤的时间和温度。

4.成品特点

形状整齐，层次清晰，香酥适口。

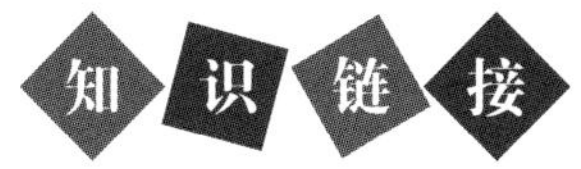

酥皮的种类及制法

根据制品层次外露的情况，酥皮可分为明酥、暗酥、半暗酥3种类型。

（1）明酥。不论是大包酥还是小包酥，凡制品酥层外露，表面能看见整齐均匀的酥层，都是明酥，如酥盒、莲藕酥等。酥层的形式因起酥方法（卷和叠）及刀切方向（直切和横切）的不同而不同。一般酥层有呈螺旋状和直线状两种，前者叫圆酥，后者叫直酥。

（2）暗酥。暗酥指在制品表面看不到层次，只能在其侧面或剖面才能看到层次。暗酥制品要求膨胀松发、形态美观、酥层不断且清晰、不散不碎。大包酥和小包酥都能制成暗酥。暗酥的制作方法有卷酥法和叠酥法两种。

（3）半暗酥。半暗酥制品一般使用大包酥的方法，将酥皮卷成筒形后，按制品需要用刀切成段，用手或擀面杖向45度方向按剂，制成半暗酥剂，用擀面杖将剂子擀成皮，包入馅心，包捏成形。

实训案例二　白皮酥

白皮酥是暗酥制品中制作及烘烤难度较大的一类品种，其经过包酥、开酥、成形、烘烤等工艺制成。色泽洁白、口感酥松。

一、实训目标

（1）学会白皮酥的制作方法。

（2）掌握油酥面团的调制及烘烤方法。

二、实训准备

原料	面粉200克，猪油85克，冷水60克，白糖70克，熟面粉 25克，青丝、红丝各适量
工具	烤盘、擀面杖等

三、实训步骤

（1）用120克面粉加冷水、25克猪油制成水油面；用80克面粉加40克猪油制成干油酥。

（2）用白糖、熟面粉、青丝、红丝、20克猪油调成糖馅。

（3）将干油酥包入水油面中，擀成厚约0.2厘米、长约21厘米的长方片，然后卷起，下8个剂子。

（4）将剂子按扁，逐个包上糖馅，再擀成圆饼，即成白皮酥生坯。

（5）烤箱提前预热，温度为上火190摄氏度、下火180摄氏度，放入白皮酥生坯，烤至饼面鼓起变白时，盖上一层油纸或者烤盘，同时炉温上、下火各降低10摄氏度左右，烤至成熟即可。

白皮酥制作关键工艺流程如图5–3所示。

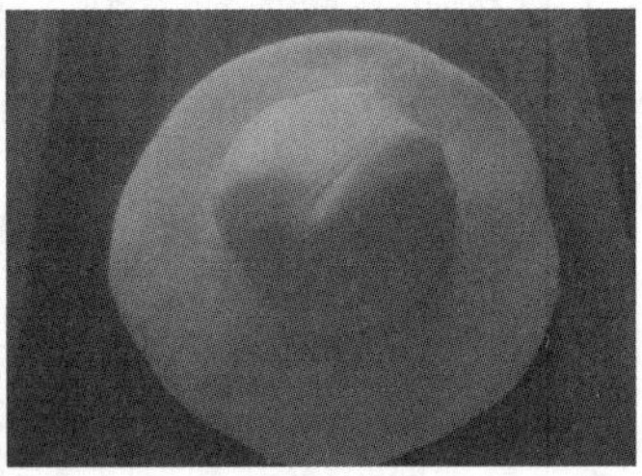

（1）包酥

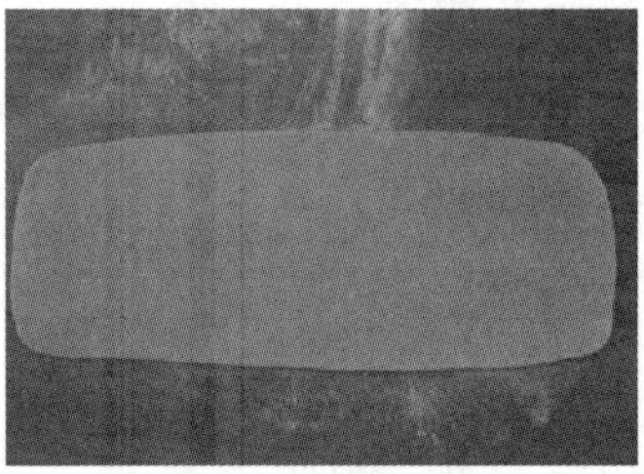

（2）开酥

（3）卷起

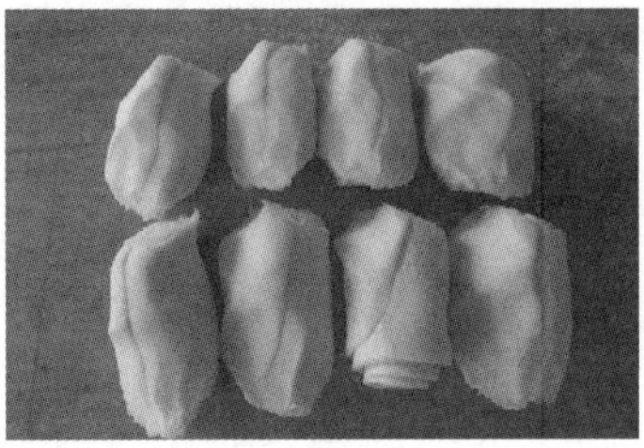

（4）分坯

（5）上馅

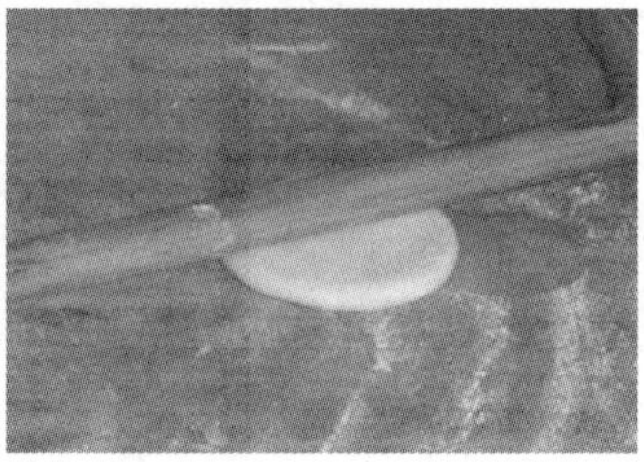

（6）成形

（7）生坯

（8）成品（彩图22）

图5–3　白皮酥制作关键工艺流程

四、技术关键

（1）掌握好面团的软硬程度。

（2）掌握好开酥技法。

（3）掌握好烘烤时间和温度。

五、成品特点

个匀形圆，色泽洁白，口感酥松。

六、考核要点及评分标准

考核内容：白皮酥		
考核时间：60分钟	制品规格：25克/个	
考核数量：8个	考核形式：个人操作	
考核要点	配分（分）	得分（分）
馅心口味恰当	20	
面团软硬合适	20	
开酥手法正确	30	
色泽洁白	30	
合计	100	

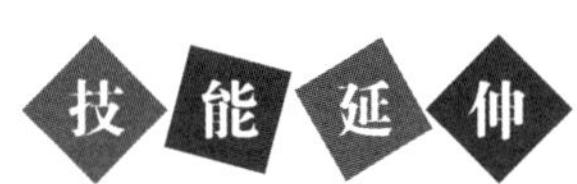

一品酥的制作

1.原料

面粉250克，冷水75克，白糖60克，熟面粉50克，熟芝麻150克，色拉油、青丝、红丝、香精各适量。

2.制作过程

（1）将白糖、熟面粉、色拉油、青丝、红丝、香精拌匀，制成糖馅。

（2）将100克面粉加50克色拉油制成干油酥，再把150克面粉加冷水、25克色拉油制成水油面。

（3）用水油面包上干油酥，擀成厚约0.2厘米、长约21厘米的长方片，然后卷起，下10个剂子。

（4）将剂子按扁，包入糖馅，擀成圆形饼，饼面上蘸上熟芝麻，摆入烤盘。

（5）烤箱提前预热，温度为上火200摄氏度、下火180摄氏度，放入生坯烤约15分钟至成熟时取出即可，如图5-4所示。

图5-4　一品酥

3. 技术关键

（1）干油酥面团要擦透。

（2）包酥要正，擀片要匀，收口要紧。

（3）掌握好烘烤的时间和温度。

4. 成品特点

色泽金黄，香甜酥脆，大小均匀。

如何调制干油酥

干油酥调制采用擦制法，即先把面粉和油脂拌和成团，再用双手的掌根反复推擦，使之色白，用手指触摸面团无弹性即可。

工艺流程如下：

下粉 ⟶ 掺油 ⟶ 拌匀 ⟶ 擦透 ⟶ 成团

干油酥调制的技术关键

（1）反复推擦。擦透、擦顺，增加面团的油滑性和黏性。

（2）掌握配料比例。面粉和油脂的比例一般为2∶1。

（3）了解油脂性能。调制干油酥所用的油脂以猪油为好，因为常温下猪油呈固态，用它调制出的油酥呈片状，而用植物油调制的油酥呈球状，所以用等量的油，猪油润滑面积比植物油润滑面积大，制品更酥，色泽也更好。

（4）掌握干油酥的软硬度。干油酥与水油面的软硬度要基本一致，否则会影响酥层。

（5）正确选用面粉。调制干油酥一般用筋力较小的面粉，这种面粉不易形成面筋质，起酥效果好。

如何调制水油面

工艺流程如下：

下面粉、油、水 ⟶ 拌匀 ⟶ 揉搓 ⟶ 成团

水油面调制的技术关键

（1）正确掌握面粉、油、水的比例。面粉、油、水的比例一般为1∶0.2∶0.5。

（2）反复揉搓，揉匀、揉透。

（3）为防止面团表面干裂，可盖上湿布。

实训案例三　菊花饼

菊花饼形似菊花，酥松味美。

一、实训目标

（1）学会菊花饼的制作方法。

（2）掌握拉刀、造型技法。

二、实训准备

原料	面粉200克，冷水60克，豆沙馅100克，猪油65克
工具	烤盘、擀面杖、刀等

三、实训步骤

（1）将80克面粉加40克猪油制成干油酥，再把120克面粉加冷水和25克猪油制成水油面。

（2）用水油面包上干油酥，擀成厚约0.2厘米、长约21厘米的长方片，然后卷起，下8个剂子。

（3）将剂子按扁，包入豆沙馅，擀成直径7厘米左右的圆饼，用刀在饼面上对角直切16刀，刀口长度约占圆饼直径的1/3，再把每条刀口翻起朝上，制成菊花饼生坯。

（4）烤箱预热，温度为上火190摄氏度、下火180摄氏度，放入菊花饼生坯烘烤约15分钟至成熟即可。

菊花饼制作关键工艺流程如图5–5所示。

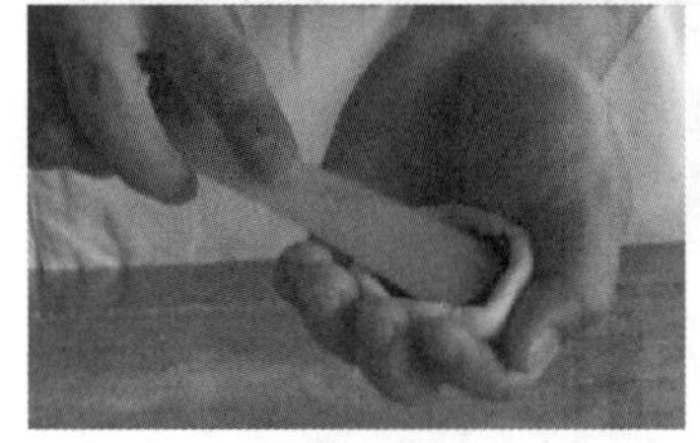
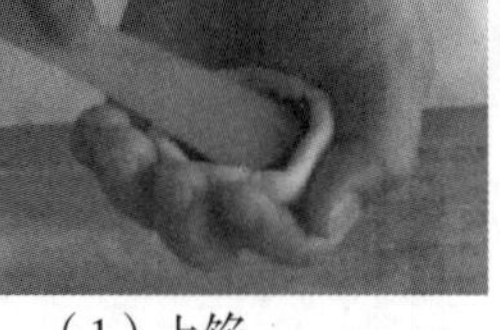

（1）上馅　　（2）成形1　　（3）成形2

（4）成形3　　（5）成形4　　（6）成品（彩图23）

图5-5　菊花饼制作关键工艺流程

四、技术关键

（1）干油酥和水油面的软硬程度要一致。

（2）掌握好馅心的用量。

（3）刀口要切得均匀整齐。

（4）掌握好烘烤的时间和温度。

五、成品特点

形似菊花，层次清晰。

六、考核要点及评分标准

考核内容：菊花饼		
考核时间：60分钟	制品规格：25克/个	
考核数量：8个	考核形式：个人操作	
考核要点	配分（分）	得分（分）
皮、馅比例恰当	20	
开酥手法正确	30	
花瓣均匀，层次清晰	30	
酥松香甜	20	
合计	100	

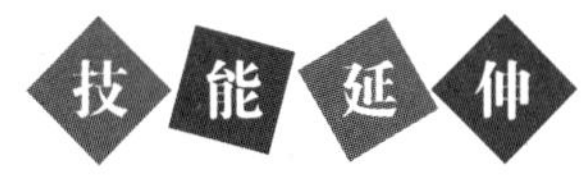

五星酥的制作

1. 原料

面粉200克，冷水60克，猪油65克，豆沙馅100克。

2. 制作过程

（1）用120克面粉加冷水、25克猪油调制成水油面，用80克面粉加40克猪油调制成干油酥。

图5-6　五星酥

（2）将干油酥包入水油面中，擀薄，卷起，下剂，包入分好的豆沙馅，用刀将饼面周长切成均匀的五份，再将每份捏出角，整理成五角星形状，摆在烤盘上。

（3）烤箱提前预热，温度为上火190摄氏度、下火180摄氏度，放入生坯，烤成白色即成熟，如图5-6所示。

3. 技术关键

（1）切分圆饼时要分匀。

（2）掌握好烘烤的时间和温度。

4. 成品特点

色泽洁白，形似五星，层次分明，香甜酥松。

面点造型

1. 几何形态

几何形态是造型艺术的基础。几何形态广泛应用于面点造型中，它是模仿生活中的各种几何形状制作而成。几何形可分为单体几何形态和组合几何形态。单体几何形态的制品如汤圆、藕粉团子、方糕等。立体裱花蛋糕则是由大小不一的几何体组合而成，再加上各种裱花造型，其制品美观、立体。总体上看，这种蛋糕属于组合几何形态。

2. 象形形态

象形形态可分为仿植物形和仿动物形。

（1）仿植物形

这是面点制作中常见的造型，常见制品如油酥制品中的菊花饼、兰花酥等，澄粉面团制品中的梅花饺、南瓜包等。

（2）仿动物形

仿动物形也是使用较为广泛的一种造型，常见制品如膨松面团制品中的蝴蝶卷等，油酥面团制品中的金蟾吐蜜、金鱼酥等，澄粉面团制品中的金鱼饺、象形玉兔等。

3. 自然形态

自然形态是采用较为简易的造型手法使点心通过成熟后形成的不十分规则的形态，如开花馒头，经过蒸制自然“开花”。其他如开口笑、宫廷桃酥等的形态也是成熟过程中自然形成的。

实训案例四　佛手酥

佛手酥是以水油面包裹干油酥，经擀制、折叠、上馅后搓成一头粗一头稍细的长圆形，再做成佛手形，烘烤而成。

一、实训目标

（1）掌握佛手酥的成形方法。

（2）掌握包酥的技术关键。

二、实训准备

原料	面粉200克，冷水60克，豆沙馅100克，猪油65克
工具	烤盘、擀面杖、刀等

三、实训步骤

（1）将80克面粉加40克猪油制成干油酥，再把120克面粉加冷水60克、猪油25克制成水油面。

（2）用水油面包上干油酥，擀成厚约0.2厘米、长约21厘米的长方片，然后卷起，下8个剂子。

（3）将剂子按扁，包入分好的豆沙馅，搓成一头粗一头细的长圆形，将稍细的一头按扁，用刀划出“手指”，做成佛手酥生坯。

（4）烤箱提前预热，上火190摄氏度、下火180摄氏度，放入佛手酥生坯烘烤约20分钟至成熟即可。

佛手酥制作关键工艺流程如图5–7所示。

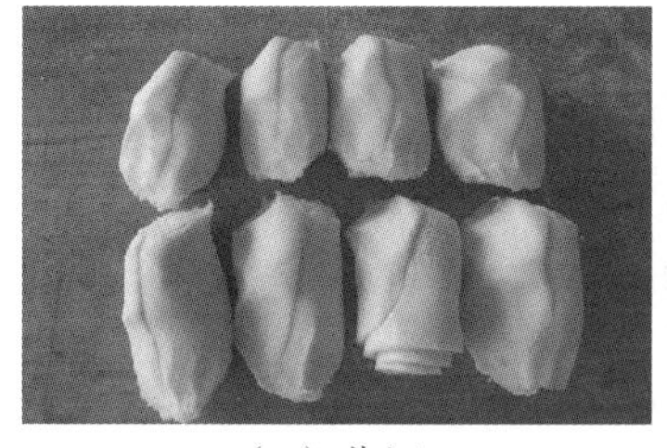
（1）分坯

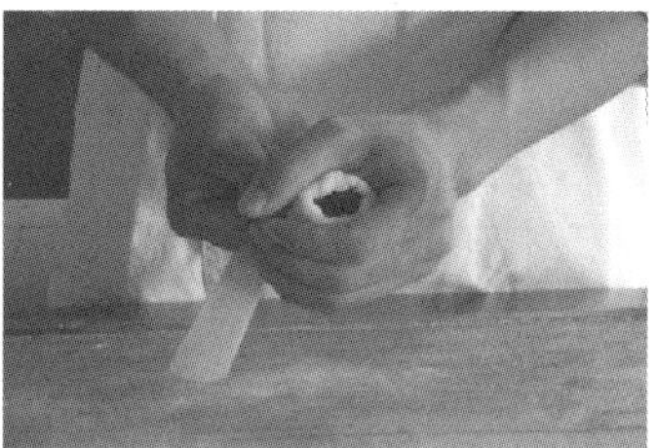
（2）上馅

（3）成形1

（4）成形2

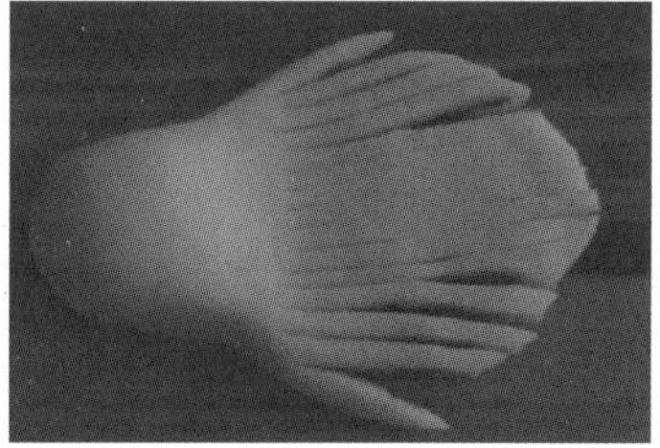
（5）成形3

（6）成品（彩图24）

图5–7　佛手酥制作关键工艺流程

四、技术关键

（1）酥要包正，擀片要匀，收口要紧。

（2）馅要包正。

（3）刀口要均匀整齐，比例恰当。

（4）掌握好烘烤的时间和温度。

五、成品特点

色泽洁白，甜酥适口，层次分明。

六、考核要点及评分标准

考核内容：佛手酥	
考核时间：60分钟	制品规格：25克/个
考核数量：4个	考核形式：个人操作

续表

考核要点	配分（分）	得分（分）
开酥手法正确	30	
皮、馅比例恰当	20	
刀口均匀，比例合适	30	
层次分明，色泽洁白	20	
合计	100	

技能延伸

金蟾吐蜜的制作

1.原料

面粉500克，豆沙馅300克，猪油150克，蛋液适量。

图5–8　金蟾吞蜜

2.制作过程

（1）将200克面粉加100克猪油制成干油酥，再把300克面粉加猪油50克用温水调制成水油面，揉匀。

（2）用水油面包上干油酥，擀成长方片，然后卷起，下20个剂子。

（3）将剂子按扁，包入分好的豆沙馅，搓成一头粗一头细的长圆形，用手按一下，在细头的一边用刀往里平划一刀，即为“金蟾”的头部，再按压出“金蟾”的肢体轮廓即成金蟾吐蜜生坯。

（4）将金蟾吐蜜生坯表面刷上蛋液，摆入烤盘，放入上火190摄氏度、下火180摄氏度的烤箱中烘烤大约20分钟至成熟即可，如图5–8所示。

3.技术关键

（1）蛋液刷得不宜过多。

（2）包入的馅心要适量。

（3）造型要符合要求。

（4）掌握好烘烤的时间和温度。

4.成品特点

形似金蟾，甜酥适口。

包酥的技术关键

（1）水油面与干油酥的比例恰当，软硬一致。

（2）将干油酥包入水油面中，应注意水油面四周厚薄均匀，以免在擀制时酥层的厚薄不均匀。

（3）擀皮时两手用力要适当，使面皮厚薄均匀，用力的方向一般是前后，而不是向下。

（4）擀皮时，尽量少用生粉。卷圆筒时要卷紧，否则酥层不易黏结。

（5）擀皮时速度要快，尤其在冬季，面团易发硬。擀制不当会使制品的层次受影响。在擀制时要避免风吹，以免结皮。

（6）包酥后切成的坯子应盖上干净湿布或保鲜膜，防止面坯外表结皮而影响成形。

实训案例五　兰花酥

兰花酥是以猪油、面粉为主要原料，经过包酥、成形、成熟等工艺流程制作而成，其因形似兰花而得名。

一、实训目标

（1）学会兰花酥的制作方法。
（2）掌握油酥面团的调制方法。
（3）掌握兰花酥的成熟方法。

二、实训准备

原料	面粉300克，冷水90克，猪油95克，粉糖20克，豆沙馅50克，油适量
工具	炸锅、擀面杖、刀等

三、实训步骤

（1）将180克面粉加35克猪油、90克冷水调制成水油面；将120克面粉加60克猪油调制成干油酥。

（2）将干油酥包入水油面中，擀薄，叠为三层，再擀开后叠为三层，第三次擀成约0.2厘米厚的方片。

（3）将方片切割成长、宽约为6厘米的正方片，将正方片的三个角切开口，对角刀口长度各约占对角线长度的1/3，在第四个角的两侧斜45度各切一刀。

（4）将第四个角朝后摆放，把左右两刀口前面的两角抹水粘在一起，再把第四个角旁切割出的两个角黏合，最后将前后两组粘在一起，捏紧，制成生坯。

（5）将生坯放入120摄氏度的油锅中炸成金黄色捞出。

（6）制品晾凉后用事先准备好的豆沙馅做成花蕊，用粉糖稍作装饰即可。

兰花酥制作关键工艺流程如图5–9所示。

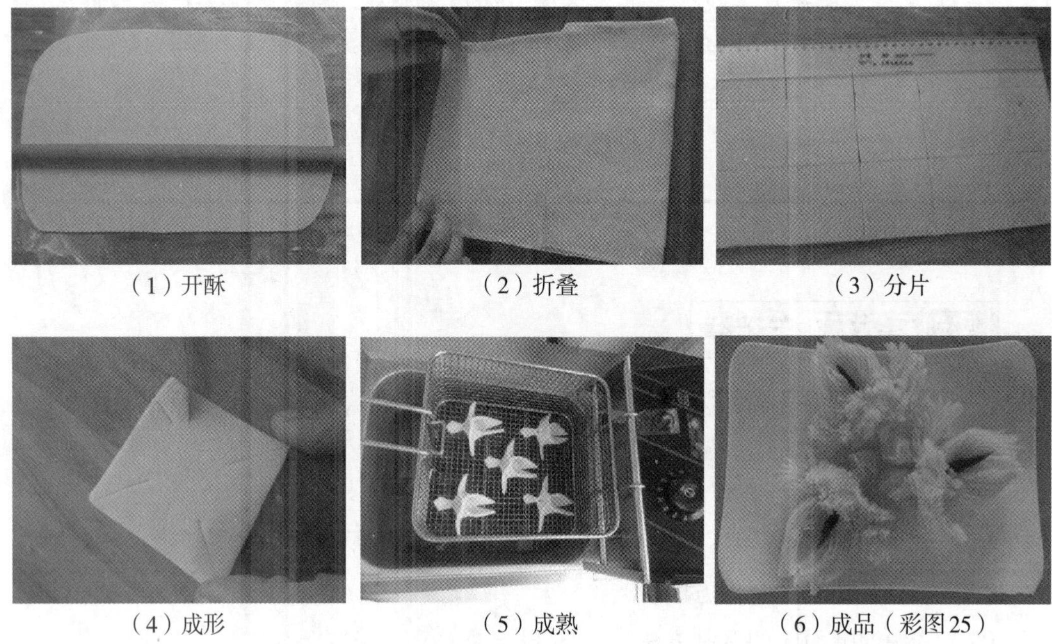

（1）开酥　（2）折叠　（3）分片

（4）成形　（5）成熟　（6）成品（彩图25）

图5–9　兰花酥制作关键工艺流程

四、技术关键

（1）掌握好水油面与油酥面的比例。

（2）掌握好叠制方法。

（3）掌握好炸制的油温及时间。

五、成品特点

形似兰花，色泽金黄，层次分明，酥脆可口。

六、考核要点及评分标准

考核内容：兰花酥		
考核时间：60分钟	制品规格：20克/个	
考核数量：12个	考核形式：个人操作	
考核要点	配分（分）	得分（分）
制品口味适中	30	
面团软硬合适	20	
开酥手法正确	30	
制品色泽金黄，层次分明	20	
合计	100	

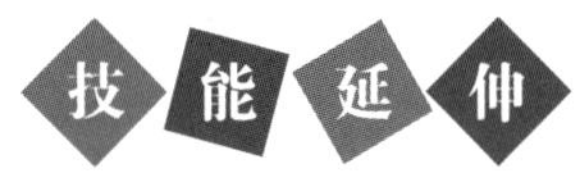

菊花酥的制作

1.原料

面粉500克，熟猪油200克，莲蓉馅300克，黄色素0.1克，冷水100克，炸油1000克，椰丝适量。

图5–10　菊花酥

2.制作过程

（1）将250克面粉与75克熟猪油、冷水制成水油面；将剩余面粉及熟猪油混合均匀后，用手掌根推擦成干油酥，加入黄色素、椰丝调匀备用。

（2）用水油面包上干油酥，擀成厚约0.3厘米的长方片，经过两次三层折叠后擀成厚约0.5厘米的长方片。

（3）用圆形模具在长方片上扣出圆皮备用。

（4）用圆皮包入分好的莲蓉馅，收口成圆形。

（5）用刀在圆坯表面划四刀使之成八瓣，即成菊花酥生坯。

（6）将菊花酥生坯放入120摄氏度的油锅中炸至浮起，待花瓣开放时将油温升高炸至成熟。

（7）制品控油后，在花蕊位置稍作装饰即可，如图5–10所示。

3.技术关键

（1）花瓣要划透，否则花形不美。

（2）生坯放入油锅时，油温不宜过高，否则花瓣过早变硬，无法展开。

（3）生坯定型后要及时升高油温，以免制品散架无形。

4. 成品特点

色泽金黄，花瓣清晰，口感酥香。

实训案例六　酥饺

酥饺是一种潮汕小吃。每逢重要节日，潮汕人家都会做酥饺。酥饺以口感酥脆、形似饺子而得名。

一、实训目标

（1）学会酥饺的制作方法。

（2）理解包酥的技术关键。

（3）掌握酥饺的成熟方法。

二、实训准备

原料	面粉300克，冷水75克，火腿肠100克，大葱80克，猪油105克，香油及调味品、色拉油适量
工具	炸锅、擀面杖等

三、实训步骤

（1）将火腿肠、大葱切成小米粒状，加入香油及调味品，拌匀成馅。

（2）将150克面粉加75克猪油制成干油酥，再把150克面粉加75克冷水、30克猪油制成水油面，揉匀。

（3）用水油面包上干油酥，擀成厚约0.1厘米、长约24厘米的长方片，切掉两头不规则的部分做垫片，然后将长方片卷筒后切成厚约1.5厘米的段。

（4）将面段切口朝下，擀成圆皮，左手托皮，右手上馅，将圆皮对折成饺子形状，锁边成酥饺生坯。

（5）炸锅内放色拉油烧至约120摄氏度，将酥饺生坯下锅炸成金黄色、层次张开即可。

酥饺制作关键工艺流程如图5–11所示。

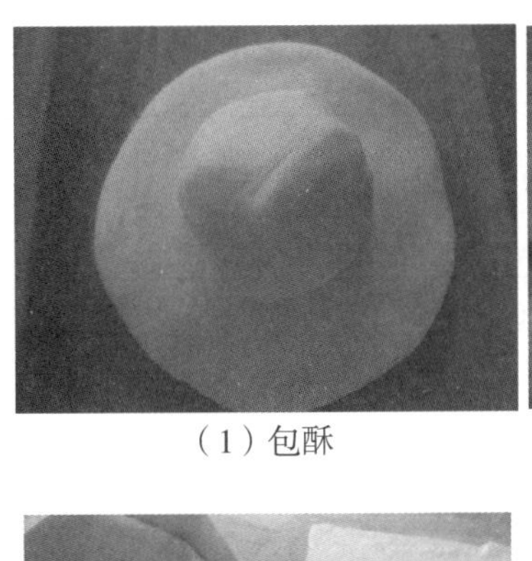
（1）包酥

（2）开酥

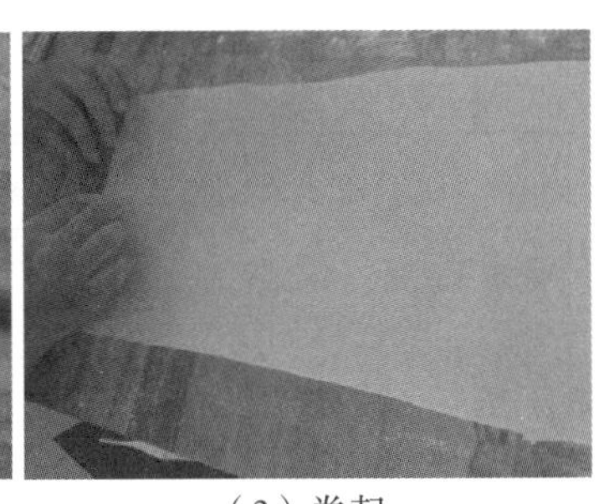
（3）卷起

（4）切剂

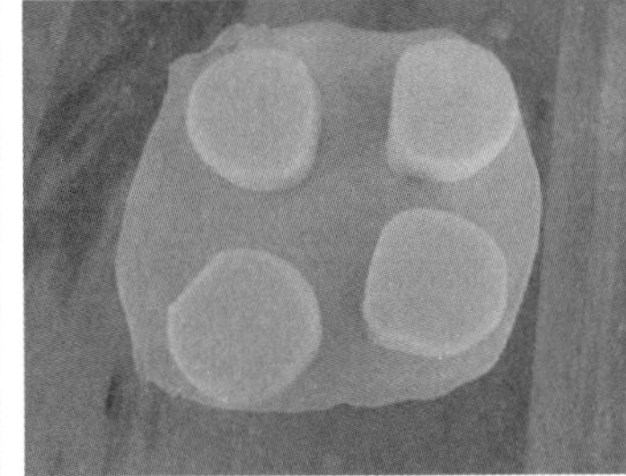
（5）垫底

（6）上馅

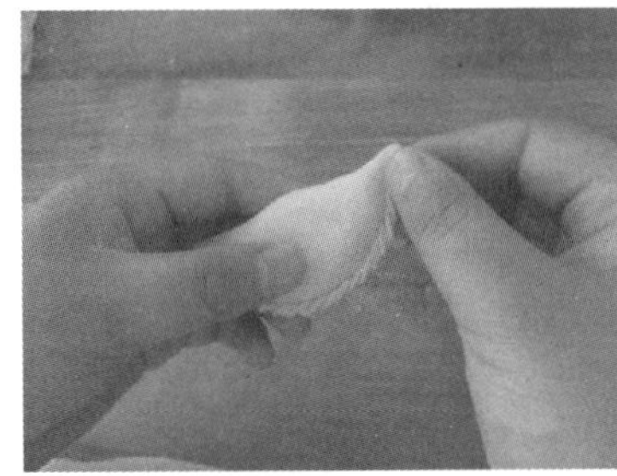
（7）成形

（8）炸制

（9）成品（彩图26）

图5-11　酥饺制作关键工艺流程

四、技术关键

（1）掌握好水油面与干油酥的比例。

（2）掌握好开片的厚度和宽度。

（3）掌握好段的厚度。

（4）包馅时，垫片的一面要包在里面。

（5）掌握好炸制时的油温和时间。

五、成品特点

色泽金黄，层次分明，馅心咸鲜，口感酥香。

六、考核要点及评分标准

考核内容：酥饺		
考核时间：60分钟	制品规格：皮25克，馅15克	
考核数量：10个	考核形式：个人操作	
考核要点	配分（分）	得分（分）
皮、馅比例恰当	30	
开酥手法正确	20	
制品色泽金黄，层次清晰	20	
油温掌握恰当	30	
合计	100	

炸酥盒的制作

1.原料

面粉400克，冷水100克，豆沙馅100克，板油100克，白糖100克，猪油140克，色拉油适量。

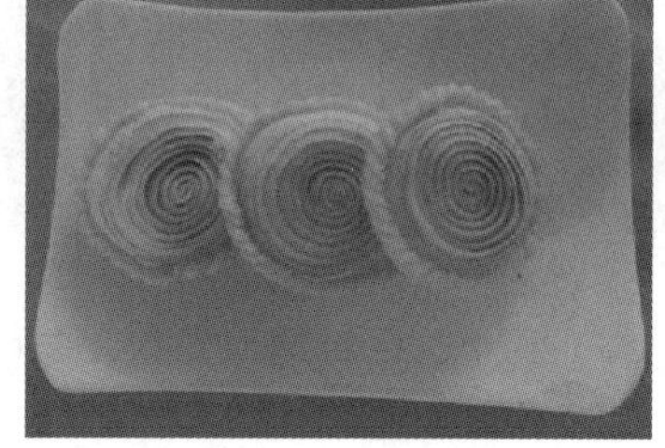

图5-12　炸酥盒

2.制作过程

（1）将板油去皮切成小丁，加入白糖制成脂油馅。

（2）将200克面粉加100克猪油制成干油酥，再把200克面粉加100克冷水、40克猪油制成水油面，揉匀。

（3）用水油面包上干油酥，擀成厚约0.2厘米、长约24厘米的长方片，切掉两头不规则的部分做垫片，然后将长方片卷筒后切成厚约1厘米的段。

（4）将面段切口朝下，擀成圆皮，左手托皮，放上一层豆沙馅，再放上一层脂油馅，合上另一张圆皮，锁边成炸酥盒生坯。

（5）色拉油烧至约120摄氏度，将炸酥盒生坯下锅炸成金黄色、层次张开熟时捞出摆盘即成，如图5-12所示。

3.技术关键

（1）板油要切成小丁。

（2）面皮大小要一致。

（3）掌握好炸制的油温和时间。

4.成品特点

色泽金黄，层次分明，馅心香甜，口感酥香。

导热方法——油导热

油是一种重要的导热介质，很多成熟方法以油作为导热介质。油作为导热介质具有以下特性：

1.加热温度高

油脂的燃点温度可达300摄氏度左右，而一般情况下水的最高温度为100摄氏度，因此，用油作为导热介质可以使制品快速成熟。

2.渗透力强

油脂能渗入面点制品内部。适当的油温能使油进入面点制品内部的同时，把油所蓄的热力传递到面点制品内部。由于温度高，制品中的水分达到沸点而汽化，制品呈现出酥、脆的特点。

3.增加面点风味

用油导热的方法加工面点，可增加制品的风味。用油导热，制品下锅后骤然受热，外部干燥收缩，结成一层厚壳，达到外焦里嫩、保持原形的效果。

实训案例七　葫芦酥

葫芦酥是具有代表性的明酥品种之一，其以制作精细、层次分明、形似葫芦而得名。

一、实训目标

（1）学会葫芦酥的制作方法。

（2）掌握明酥的技术关键。

（3）掌握葫芦酥的成熟方法。

二、实训准备

原料	面粉320克，猪油100克，冷水100克，莲蓉馅250克，蛋液、炸油、细绳（或海苔条）适量
工具	擀面杖、刀、漏勺、炸锅等

三、实训步骤

（1）将200克面粉、40克猪油、100克冷水制成水油面；将120克面粉加入60克猪油制成干油酥。

（2）用水油面包上干油酥，擀成厚约0.3厘米的长方片，经过两次三层折叠后擀成厚约0.5厘米的长方片。

（3）将长方片切成四小条后刷上蛋液摞起。

（4）用刀将酥皮切成薄片，垫底后将薄片再擀薄些，用刀将之修整成长方形，放入莲蓉馅，两端收口捏紧，整理成葫芦状，在“葫芦”腰部的位置系上细绳或海苔条即成葫芦酥生坯。

（5）将葫芦酥生坯放入约120摄氏度的炸锅中炸至浮起，然后将油温升到约170摄氏度炸至成熟即可。

葫芦酥制作关键工艺流程如图5-13所示。

（1）包酥

（2）开片

（3）拉条、刷蛋

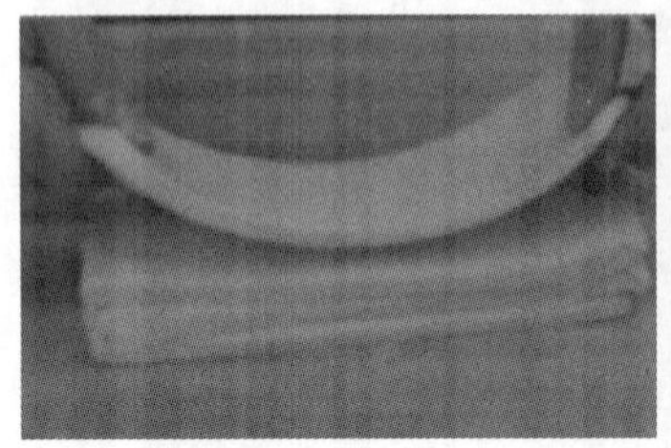
（4）摞层

（5）垫底

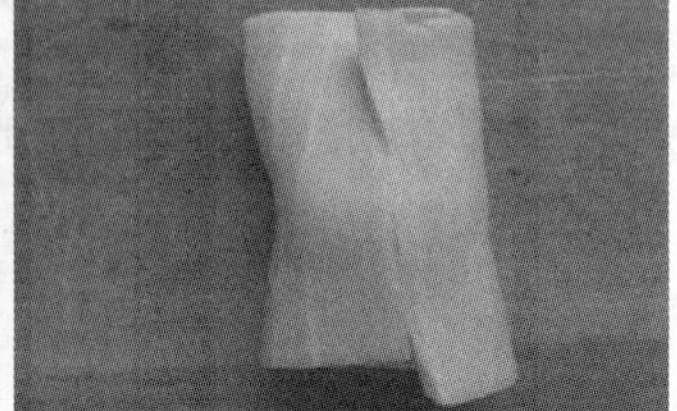
（6）包馅

图5-13　葫芦酥制作关键工艺流程

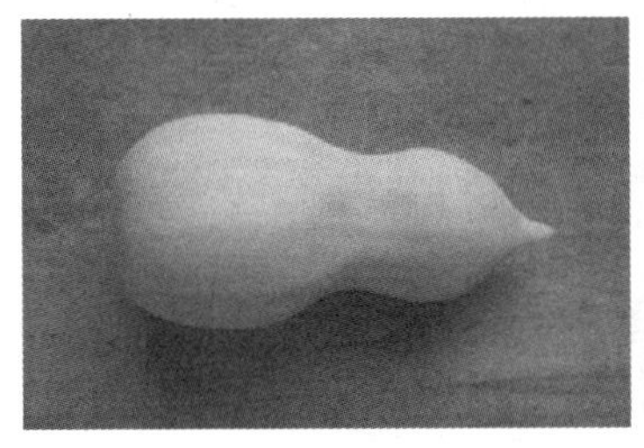
（7）成形

（8）炸制

（9）成品（彩图27）

图5-13　葫芦酥制作关键工艺流程（续）

四、技术关键

（1）擀制的面皮要厚薄均匀。

（2）蛋液不要刷得过多。

（3）注意制品的形态。

（4）掌握好炸制方法及温度。

五、成品特点

层次分明，形似葫芦，香酥适口。

六、考核要点及评分标准

考核内容：葫芦酥		
考核时间：90分钟	制品规格：皮30克，馅20克	
考核数量：10个	考核形式：个人操作	
考核要点	配分（分）	得分（分）
皮、馅比例恰当	20	
开酥手法正确	25	
成形手法正确	25	
制品色泽金黄，层次清晰	30	
合计	100	

金鱼酥的制作

1. 原料

面粉320克，猪油100克，豆沙馅250克，冷水100克，蛋液、炸油、细绳（或海苔条）适量。

2. 制作过程

（1）面团调制与开酥方法同葫芦酥实训步骤（1）~（3）。

图5-14 金鱼酥

（2）用刀将酥皮切成薄片，垫底后将薄片再擀薄些，用刀将之修整成长方形，在长边的1/3处放上豆沙馅，将酥皮顺长卷起，靠馅心一端封口捏紧，顺长用细绳或海苔条在2/3处系紧即成金鱼酥生坯。

（3）将金鱼酥生坯放入约120摄氏度的油锅中炸至浮起，然后将油温升到约170摄氏度炸至成熟捞出，用豆沙馅装饰上眼睛和嘴即可，如图5-14所示。

3. 技术关键

（1）擀制的面皮要厚薄均匀。

（2）掌握好“金鱼”的比例。

（3）掌握好炸制方法及温度。

4. 成品特点

层次分明，形似金鱼，香酥适口。

实训案例八 苹果酥

苹果酥是层酥面团制品，形象逼真，层次清晰，工艺复杂。

一、实训目标

（1）学会苹果酥的制作方法。

（2）能够触类旁通，举一反三制作其他明酥制品。

二、实训准备

原料	面粉320克，猪油100克，冷水100克，莲蓉馅250克，蛋液、炸油适量等
工具	擀面杖、刀、漏勺、炸锅等

三、实训步骤

（1）面团调制与开酥方法同葫芦酥实训步骤（1）～（3）。

（2）用刀将酥皮切成薄片，垫底后将薄片再擀薄些，用刀将之修整成长方形，放入莲蓉馅，两端收口紧捏并整理成球形，一端的收口处压一稍深的窝，刷蛋液后放上准备好的根蒂即成苹果酥生坯。

（3）将苹果酥生坯放入120摄氏度的炸锅中炸至浮起，然后将油温升到约170摄氏度炸至成熟即可。

苹果酥制作关键工艺流程如图5-15所示。

（1）包酥　（2）摞层　（3）包馅

（4）成形　（5）炸制　（6）成品（彩图28）

图5-15　苹果酥制作关键工艺流程

四、技术关键

（1）侧面封口处要严密。

（2）注意制品的形态。

（3）掌握好炸制方法及温度。

五、成品特点

形态逼真，酥层清晰。

六、考核要点及评分标准

考核内容：苹果酥		
考核时间：90分钟	制品规格：皮35克，馅25克	
考核数量：10个	考核形式：个人操作	
考核要点	配分（分）	得分（分）
皮、馅比例恰当	20	
开酥手法正确	25	
成形手法正确	25	
火候适度，层次清晰	30	
合计	100	

提包酥的制作

1. 原料

面粉320克，猪油100克，冷水100克，奶黄馅250克，蛋液、炸油适量等。

2. 制作过程

（1）参照葫芦酥制作方法制成水油面和干油酥。

（2）用水油面包上干油酥，擀成厚约1厘米的长方片，经过两次三层折叠后擀成长方片。

（3）将长方片切成宽约0.5厘米的长条，酥纹朝上，将酥条交叉成十字，编成一块大酥皮。

（4）将编好的酥皮修成高约12厘米，宽约6厘米的长方形，放上奶黄馅，四周涂上蛋液捏紧，制成提包酥生坯。

（5）将提包酥生坯放入约120摄氏度的油锅中炸至浮起，然后将油温升到约170摄氏度炸至成熟捞出，装上提包拎带即可，如图5-16所示。

图5-16　提包酥

3. 技术关键

（1）条要切得宽窄一致。

（2）编酥速度要快，以免干燥结皮。

（3）编酥不要太紧，以便酥层张开。

4. 成品特点

层次清晰，形似提包。

使用食用合成色素的注意事项

（1）若用于馅心、皮料的染着，需先将色素粉末溶解后再加入油、糖等其他原料。若用于染着制品表面，也需先将色素粉末溶解成水溶液。一般不宜直接使用色素粉末。直接使用色素粉末有两个缺点：一是粉末不易分布均匀，容易形成色斑；二是用量不易准确把握，容易造成色素深浅不同，达不到用色的目的。

（2）配制的色素溶液以1%～10%为宜。其中红色素浓度可以大一些，柠檬黄和靛蓝的浓度则要小一些。

（3）色素溶液不易久存，配制时需注意：用冷水或蒸馏水配制，用深色玻璃容器盛装，不能使用金属容器盛装，随配随用。

（4）利用色素着色，其色调以与食品原料固有色（或加工后形成的固有色）相似为宜，以与食品名称协调一致为宜。

面点新品种的开发

目前面点一般是按原料、成熟方法、制品形态等进行分类，但是科学分析表明：食品的颜色与营养有很大的相关性，一般来说，食品的颜色越深，其营养价值越高。因此，面点按颜色分类，也有利于新品种的开发。

1. 白色面点

白色面点即其制作皮坯的原料是白色的，如糯米、面粉、澄粉、白山药等。面点俗称“白案”，因其用料主要是白色的原料，白色面点在面点中占绝大多数。

2. 绿（红）色面点

绿（红）色面点即其制作皮坯的原料是绿色（或红色）的，如绿豆（赤豆）等。

3. 黄色面点

黄色面点即其制作皮坯的原料是黄色的，如玉米、黄豆、小米、甘薯等。

4. 黑色面点

黑色面点即其制作皮坯的原料是黑色的，如黑米、黑豆、黑芝麻等。

任务二　单酥面团制品

实训案例一　杏仁酥

杏仁酥是广式茶点，以油、糖、杏仁粉、膨松剂为主要原料制成，口感酥松、有杏仁香味，深受食客喜欢。

一、实训目标

（1）学会杏仁酥的制作方法。

（2）掌握杏仁酥的技术关键。

二、实训准备

原料	低筋面粉270克，杏仁粉100克，猪油200克，白糖60克，鸡蛋110克（留10克用于刷面），泡打粉4克，小苏打2克，食盐2克，杏仁片30克
工具	烤盘、打蛋器、油刷等

三、实训步骤

（1）将白糖、猪油用打蛋器打发，然后分次加入鸡蛋，搅打乳化。

（2）加入食盐、泡打粉、小苏打拌匀，再分次加入杏仁粉、低筋面粉，采用拌、压、折、叠的方法使其成团。

（3）将调制好的面团下成15克/个的剂子，剂子中间压坑，表面刷上蛋液，撒上杏仁片即成杏仁酥生坯。

（4）将杏仁酥生坯放入上火175摄氏度、下火165摄氏度的烤箱中烘烤约20分钟至成熟即可。

杏仁酥制作关键工艺流程如图5-17所示。

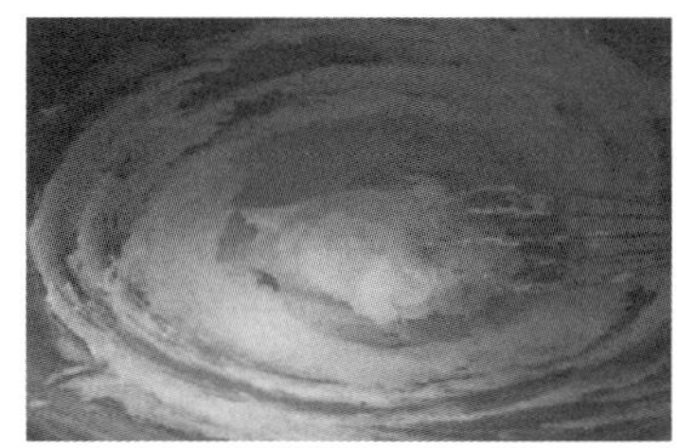

（1）原料乳化

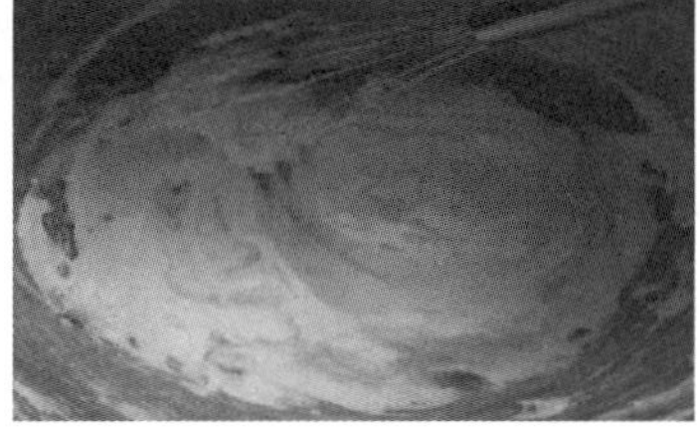

（2）加粉

（3）成团

（4）成形

（5）加杏仁片

（6）成品（彩图29）

图5-17　杏仁酥制作关键工艺流程

四、技术关键

（1）油、糖、蛋要乳化到位。

（2）面团不宜上劲。

（3）掌握好烘烤的温度和时间。

五、成品特点

色泽金黄、大小均匀、香酥适口、杏仁味浓。

六、考核要点及评分标准

考核内容：杏仁酥		
考核时间：45分钟	制品规格：15克/个	
考核数量：10个	考核形式：个人操作	
考核要点	配分（分）	得分（分）
配料比例合适	20	

续表

考核要点	配分（分）	得分（分）
面团调制手法正确	25	
香酥适口，大小均匀	25	
炉温合适，色泽金黄	30	
合计	100	

开口笑的制作

1.原料

低筋面粉500克，白糖150克，鸡蛋1个，泡打粉5克，猪油50克，白芝麻200克，清水130克。

图5–18　开口笑

2.制作过程

（1）将白糖、猪油、鸡蛋搅匀成蛋糖液。

（2）低筋面粉过筛，放入泡打粉拌匀，加入蛋糖液拌匀，再加入清水揉成面团，醒发约30分钟。

（3）将面团搓条，下成等大的剂子并揉搓成球状，将其表面蘸少许水后滚上白芝麻，即成开口笑生坯。

（4）锅中烧油，至150摄氏度左右时将开口笑生坯放入锅中，小火炸至开口笑生坯浮起、自然开裂，逐步升高油温炸至金黄色即可，如图5–18所示。

3.技术关键

（1）面揉成团即可，不要揉过度。

（2）剂子表面的蘸水量要适度。

（3）掌握好炸制的油温和时间。

4.成品特点

大小均匀，开裂3～4瓣，香酥可口。

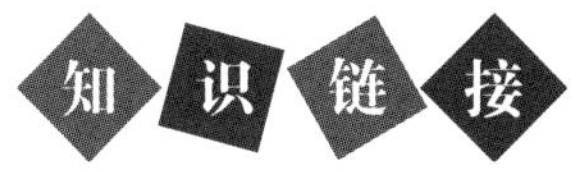

面点的口感——酥、脆

酥有香酥、酥松、酥脆之特色。酥是指含水少、结构不硬实的固体食物，其放在口中一咬即散成碎末。脆与酥相似，一般形容触感时往往把酥与脆连在一起，合称“酥脆”。但脆与酥是有区别的，酥多是油炸食品的特点，而脆多是天然果蔬的特点等，不过也有经烹制而得脆感的，如中式小吃炸麻花、炸焦圈就是又酥又脆。

实训案例二　京式五仁月饼

京式月饼起源于京、津及周边地区，是北方地区月饼类食品的代表品种之一，花样众多。其皮、馅比例适中，一般为2∶3。

一、实训目标

（1）了解月饼的种类与区别。

（2）掌握京式月饼的配方。

（3）掌握京式五仁月饼的制作方法。

二、实训准备

原料	皮料：白糖200克，糖浆20克，色拉油80克，液态酥油20克，水100克，臭粉5.2克，中筋面粉500克，蛋糕油0.8克，蛋黄液适量。 馅料：核桃仁100克，腰果100克，松子50克，南瓜子50克，芝麻90克，蔓越莓70克，白糖160克，凉开水180克，高度白酒20克，香油70克，熟糯米粉220克
工具	月饼模具、刮板、案板等

三、实训步骤

（1）将核桃仁、腰果、松子、南瓜子、芝麻、蔓越莓、高度白酒和白糖放到一个盆中，分次加凉开水稍拌，再分次加入熟糯米粉拌匀成五仁馅。

（2）将白糖、糖浆、色拉油、液态酥油、水、臭粉和蛋糕油放入盆中乳化，再分次加入中筋面粉制成面团，醒发约20分钟。

（3）在面团醒发时，将五仁馅分成30克/个备用。

（4）将醒好的面团分成20克/个的剂子备用。

（5）将馅心包入面皮中，收口朝下放入模具中，将模具在案板上压3秒，完成月饼压花工艺，即成京式五仁月饼生坯。

（6）将京式五仁月饼生坯表面喷少许水，放入上火210摄氏度、下火200摄氏度的烤箱中烘烤约5分钟（定型）；然后取出在月饼生坯表面刷上蛋黄液，再继续烘烤15分钟左右至成熟即可。

京式五仁月饼制作关键工艺流程如图5–19所示。

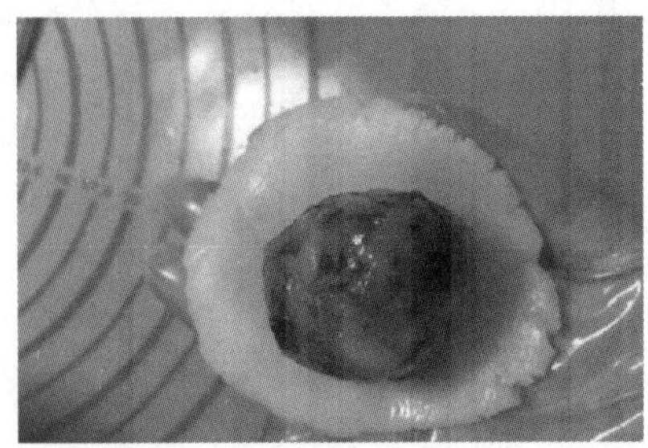

（1）包馅

（2）压花

（3）生坯

（4）成品（彩图30）

图5–19　京式五仁月饼制作关键工艺流程

四、技术关键

（1）掌握好皮、馅的比例。

（2）馅心不能太散，面团不要上劲。

（3）包馅要正，压花要实。

（4）掌握好烘烤的温度和时间。

五、成品特点

色泽金黄，皮薄馅足，甜香可口。

六、考核要点及评分标准

考核内容：京式五仁月饼		
考核时间：60分钟	制品规格：皮20克，馅30克	
考核数量：5个	考核形式：个人操作	
考核要点	配分（分）	得分（分）
皮、馅比例恰当	20	
皮面不可上劲	25	
成形方法正确	25	
成熟方法正确	30	
合计	100	

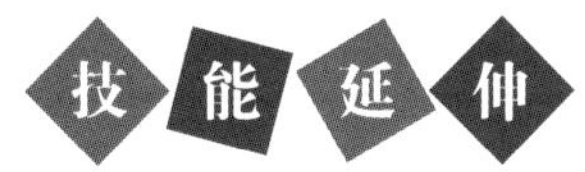
技能延伸

广式月饼的制作

1.原料

低筋面粉500克，碱水12.5克，糖浆375克，花生油150克，吉士粉25克，莲蓉馅1500克，蛋黄液适量。

图5-20　广式月饼

2.制作过程

（1）把糖浆、碱水放入容器中搅匀，分三次加入花生油并搅匀（每加一次搅匀后再加下一次），最后加入吉士粉拌匀。

（2）面粉过筛，中间扒一个窝，倒入上述混合原料拌匀，制成面团，用于制作月饼皮。面团不能使劲揉搓，防止上劲。

（3）将面团用保鲜膜包好，放于冰箱保鲜两小时。

（4）取出醒好的面团，分成小份搓圆；同时将莲蓉馅也分成小份搓圆。一般皮料与馅料的比例为1∶2。

（5）用手掌将小份面团压平，上面放一份莲蓉馅，一只手轻推莲蓉馅，另一只手轻推面皮，使面皮慢慢展开，直到把莲蓉馅全部包住为止。

（6）月饼模具中抹油或者撒入少许干面粉，摇匀，把多余的面粉倒出，包好的月饼表皮也轻轻地抹一层面粉然后放入模具中，轻轻压平，用力要均匀。然后上下左右都敲一下，脱模即成广式月饼生坯。

（7）烤箱预热，上火220摄氏度、下火200摄氏度，在广式月饼生坯表面轻轻喷一层水后放入烤箱约烤10分钟，取出刷蛋黄液，放入烤箱再次烤约10分钟，再取出刷一次蛋黄液，最后烤约5分钟，颜色呈棕红或棕黄即可取出。

（8）把烤好的广式月饼放在架子上完全冷却，然后放入密封容器放置两三天，使其回油，即可食用，如图5-20所示。

3. 技术关键

（1）月饼馅不能太稀，否则成熟时会露馅。

（2）月饼皮不能太厚。

（3）蛋黄液稠度适当。

4. 成品特点

皮薄馅多，松软可口，图案清晰美观。

月饼的由来

月饼在我国有着悠久的历史。据传，早在殷、周时期，江浙一带就有一种纪念太师闻仲的边薄心厚的“太师饼”，是月饼的“始祖”。汉代张骞出使西域时，引进了芝麻、胡桃等，为月饼的制作增添了辅料，这时便出现了以胡桃仁为馅的圆形饼，名曰“胡饼”。

唐代已有从事生产的饼师，长安也开始出现糕饼铺。据说，有一年中秋之夜，杨贵妃仰望皎洁的明月，心潮澎湃，随口而出“月饼”，从此“月饼”的名称便在民间逐渐传开。

北宋时，皇家在中秋节喜欢吃一种“宫饼”，民间俗称为“小饼”“月团”。苏东坡有诗云：“小饼如嚼月，中有酥和饴。”宋代的文学家周密在记叙南宋都城临安见闻的《武林旧事》中提到“月饼”之名称。

到了明代，中秋吃月饼才在民间流传开来。当时心灵手巧的饼师把“嫦娥奔月”的神话故事制成图案印在月饼上，使月饼成为更受人们青睐的中秋食品。

项目小结

本项目介绍了层酥面团制品和单酥面团制品两个学习任务，共10个实训案例。通过实训案例和延伸制品的学习，学生可以掌握油酥面团制品的制作过程、技术关键、成品特点及考核要点，为以后的拓展学习奠定基础。

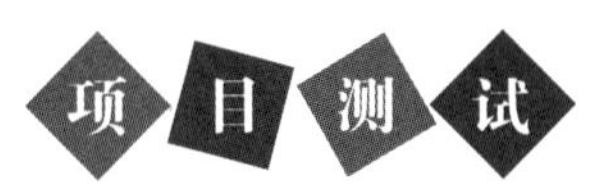

微信扫码　在线刷题

一、选择题

1. 凡制品酥层外露，表面能看见整齐均匀的酥层，都是（　　）。

A. 明酥　　B. 暗酥　　C. 半暗酥　　D. 大酥

2. 调制干油酥时，面粉和油脂的比例一般为（　　）。

A.1∶1　　B. 2∶1　　C. 3∶1　　D.4∶1

3. 在包酥时，一般要求是（　　）。

A. 水油皮硬，油酥软　　B. 水油皮软，油酥硬

C. 二者软硬一致　　D. 没有要求

4. 烘烤佛手酥的温度是（　　）摄氏度。

A.250/240　　B. 230/210　　C. 210/200　　D.190/180

5. 炸制兰花酥的油温应控制在（　　）摄氏度左右。

A.100　　B. 120　　C. 150　　D.180

6. 烘烤杏仁酥的炉温以（　　）摄氏度为宜。

A.175/165　　B. 185/175　　C. 195/185　　D.210/200

7. 京式五仁月饼的皮、馅比例一般为（　　）。

A.1∶1　　B. 2∶1　　C. 3∶2　　D. 2∶3

8. 广式月饼的皮、馅比例一般为（　　）。

A.1∶1　　B. 1∶2　　C. 1∶3　　D.1∶4

二、判断题（正确的打“√”，错误的打“×”）

1. 根据制品层次外露的情况，一般把油酥皮分为明酥、暗酥、半暗酥三种类型。（　　）

2. 白皮酥制品成熟时，烤盘上面要盖上油纸，以免制品表面上色。（　）
3. 调制干油酥时，要擦透、擦顺，使其增加油滑性和黏性。（　）
4. 调制水油面时，面粉、油脂、水的比例为1∶2∶0.5。（　）
5. 制作佛手酥时，馅心不宜过多，否则影响制品形态和色泽。（　）
6. 水油面与干油酥的比例没有要求，只要软硬一致即可。（　）
7. 制作提包酥时，酥条切的宽度要均匀。（　）
8. 月饼烘烤前表面要刷蛋液。（　）

项目六　米及米粉制品

学　习　目　标

- **方法能力目标**

  掌握米及米粉制品的性质、调制方法及成形原理。

- **专业能力目标**

  掌握米及米粉制品的制作方法及技术关键。

- **社会能力目标**

  将所学灵活应用于生活实践，推动米及米粉制品的发展与创新。

项　目　导　读

米及米粉制品主要指用米及米粉加工制作而成的制品。米的种类繁多，如糯米、粳米、籼米等，适当运用制作方法就可以调制出丰富多样的制品。米制品包括粥、饭、粽、米糕等；米粉制品根据调制方式不同，可分为米粉糕类制品、米粉团类制品、发酵米粉制品。

任务一　米制品

实训案例一　莲子血糯饭

莲子血糯饭是江苏常熟的著名风味点心。血糯一般指鸭血糯，是常熟特产，用泉水灌溉成熟，米粒殷红如血。血糯佐以糖桂花、白糖等制成甜饭，具有补血、健脾养胃、滋阴润燥、养颜护肤的功效。莲子血糯饭常用作宴席上的甜菜，现也制成速冻食品远销各地。

一、实训目标

（1）学会莲子血糯饭的制作方法。

（2）掌握莲子血糯饭的成形方法。

（3）掌握莲子血糯饭的成熟方法。

二、实训准备

原料	鸭血糯350克，糯米650克，熟猪油150克，白糖450克，莲子250克，糖桂花10克，清水400克，糖油丁、豆沙馅、水淀粉各适量
工具	蒸锅、蒸屉、炒锅等

三、实训步骤

（1）将鸭血糯、糯米分别淘洗干净，加入冷水浸泡12小时（夏季时间可稍短）后捞出沥干水分，分别上蒸屉蒸熟，趁热倒在面盆里，加入300克白糖、熟猪油拌匀，制成血糯饭。

（2）取小碗10只，内壁抹上一层熟猪油，碗边抹上糖桂花，在碗里先铺上一层血糯饭，再用莲子在血糯饭上也拼成一定的图案，再铺上一层血糯饭，中间放入糖油丁、豆沙馅，最后把剩余的血糯饭分装各碗，抹平、压紧。

（3）将装好血糯饭的10只碗放入蒸屉中，置于沸水锅上蒸约15分钟，取出倒扣在10个盘子中。

（4）将炒锅放置于旺火上，舀入清水，放入150克白糖烧开，加入水淀粉，勾成琉璃芡，制成糖卤，起锅浇在血糯饭上即可。

莲子血糯饭制作关键工艺流程如图6–1所示。

（1）配料1

（2）配料2

（3）拌制

（4）成熟

（5）成形

（6）成品（彩图31）

图6–1　莲子血糯饭制作关键工艺流程

四、技术关键

（1）碗的大小、形态决定了莲子血糯饭的品质。

（2）控制好蒸制时间。

（3）甜度和稠度是制作糖卤的关键。

（4）莲子血糯饭放入碗内要压紧、压平，防止倒扣时松散不成形。

五、成品特点

外形饱满，形似半球，软糯爽滑，香甜可口。

六、考核要点及评分标准

考核内容：莲子血糯饭	
考核时间：45分钟	制品规格：150克/个
考核数量：4个	考核形式：个人操作

续表

考核要点	配分（分）	得分（分）
完整不松散	25	
口感软糯爽滑，香甜可口	30	
操作手法正确，干净利落	25	
用料比例恰当	20	
合计	100	

荷叶饭的制作

1.原料

大米500克，猪肉丁25克，烧鸭肉75克，鲜虾肉100克，熟虾仁75克，叉烧肉75克，瘦肉125克，蟹肉100克，猪肉50克，鸡蛋100克，蘑菇丁50克，马蹄粉40克，荷叶2张，酱油115克，食盐6克，味精10克，蚝油25克，料酒5克，白糖75克，胡椒粉、香油少许，高汤适量等。

图6–2 荷叶饭

2.制作过程

（1）将鸡蛋打散，摊成蛋皮，切成小块；把各种肉类切成小粒。

（2）将瘦肉、鲜虾肉上浆后放入锅内，加入少许蚝油炒匀，烹以料酒，再加入蘑菇丁、酱油100克、白糖75克、味精5克，用高汤烧开，用马蹄粉勾芡，盛起为肉馅；再把烧鸭肉、熟虾仁、叉烧肉、肉馅、蛋皮小块等倒在一起，加入香油拌匀，制成荷叶馅心。

（3）将大米洗净，盛入碗（盆）中，加入水（600～750克）及猪肉丁用旺火蒸熟，然后把蒸熟的米饭弄松散，晾凉，加入剩下的酱油、食盐、味精、蚝油、胡椒粉、香油等拌匀。

（4）把米饭、荷叶馅心、蟹肉、猪肉搅拌均匀，放在洗净切开的新鲜荷叶上，包起折叠成包袱形状，放入蒸屉内，用旺火蒸6～7分钟即可，如图6–2所示。

3.技术关键

（1）馅心配比准确，荷叶选用新鲜的荷叶。

（2）用马蹄粉勾芡，芡汁透明、稠厚适宜。

（3）大米应用旺火蒸熟，蒸熟后打散、晾凉备用。

（4）荷叶饭成形时，应折叠成包袱形状。

备注：如果荷叶饭蒸制时间过长，荷叶会变黄，荷叶饭会失掉清香味。

4.成品特点

鲜滑柔软，有荷叶的清香。

米及米粉的特点

根据米质的不同，米有糯米、粳米和籼米之分，米粉有糯米粉、粳米粉和籼米粉之分，其物理性质差异很大。

糯米、糯米粉黏性大、硬度低，适宜制作软韧的制品，如各种糕、团、粽等，制品黏糯，不易翻硬。籼米、籼米粉黏性小、硬度大，适宜制作米粉、米线、米饼、米饭等，制品易翻硬。籼米中直链淀粉含量较高，也常经发酵后用于制作各种发酵米糕。粳米及粳米粉性质介于糯米与籼米之间，粳米粉常和其他米粉掺和使用，用于制作各种糕、团、粥、饭等。因此，用米和米粉可制作出糕、团、粉、饼、粽、饭、粥等制品，品种丰富，形式多样，既有大众化点心小吃，也有形象逼真、制作精巧的席点。

实训案例二　蜜枣粽子

粽子又称“角黍”，由粽叶包裹糯米煮制而成，是中华民族传统节庆食物之一。蜜枣粽子以糯米、蜜枣为主料制成，香甜软糯，广受人们喜爱。

一、实训目标

（1）学会蜜枣粽子的制作方法。

（2）掌握蜜枣粽子的成形方法。

（3）掌握蜜枣粽子的成熟方法。

二、实训准备

原料	糯米1000克，蜜枣20粒，粽叶20片，马莲20根
工具	煮锅、水盆、剪刀等

三、实训步骤

（1）将糯米洗净，用清水泡至米粒略涨。

（2）把粽叶、马莲洗净，煮软，用清水泡制。

（3）取一片粽叶，剪去前端硬梗，包入糯米、蜜枣，使呈四角形，用马莲系紧，制成粽子生坯。

（4）煮锅内加入清水，摆入粽子生坯，煮沸后改用小火煮制约40分钟至成熟即可。

蜜枣粽子制作关键工艺流程如图6–3所示。

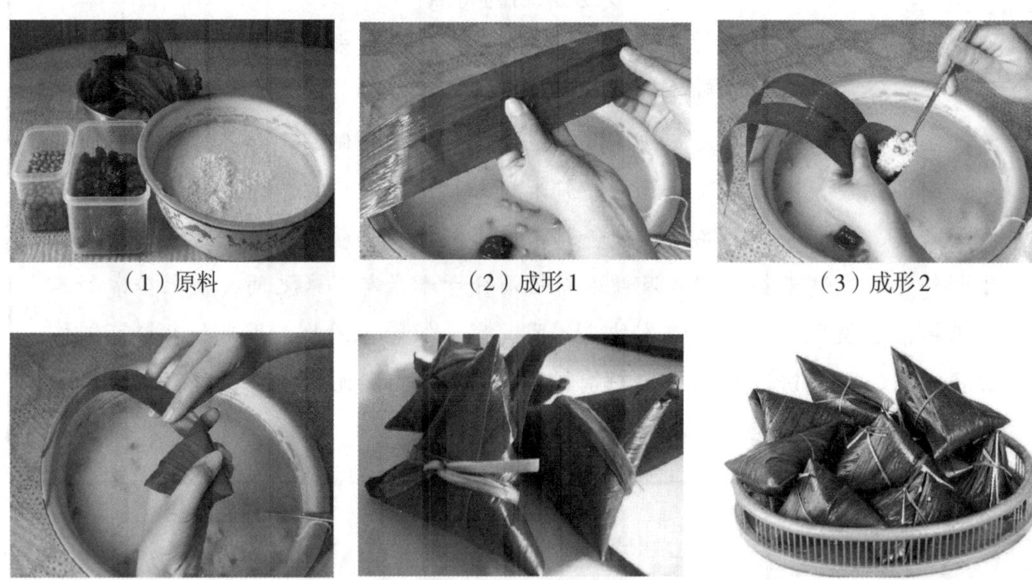

（1）原料　（2）成形1　（3）成形2

（4）成形3　（5）生坯　（6）成品（彩图32）

图6–3　蜜枣粽子制作关键工艺流程

四、技术关键

（1）糯米泡制时间要适宜。

（2）粽叶及马莲要煮软。

（3）煮制时先大火后小火，以增加粽子的口感。

五、成品特点

黏润有劲，松而不散，糯而不韧，有粽叶的清香味。

六、考核要点及评分标准

考核内容：蜜枣粽子		
考核时间：90分钟	制品规格：150克/个	
考核数量：10个	考核形式：个人操作	
考核要点	配分（分）	得分（分）
粽子大小一致	20	
黏糯清香	30	
操作手法正确，干净利落	25	
形状完整、美观	25	
合计	100	

鲜肉粽的制作

1.原料

糯米1000克，猪夹心肉500克，粽叶50片，马莲50根，食盐、鸡精、料酒、白糖、老抽、植物油等各适量。

图6–4　鲜肉粽

2.制作过程

（1）将糯米淘洗干净，沥干水分，加入适量食盐、白糖、老抽、鸡精和植物油，拌匀备用。

（2）粽叶和马莲放入沸水中煮制，水开10分钟后取出，用冷水洗净，修剪粽叶叶柄后沥干水分备用。

（3）将猪夹心肉肥瘦分开，切成宽约2厘米、厚约1厘米、长约5厘米的条状，放入少许食盐、鸡精、料酒、白糖、老抽拌匀备用。

（4）取粽叶一片，折叠成漏斗状，用左手托紧，右手放入约40克糯米、两瘦一肥的三块肉，再放入40克糯米，使之与漏斗口齐平，将粽叶上端折叠盖住糯米并裹紧，使之成为四角形粽子，中间用马莲扎紧，即成鲜肉粽生坯。

（5）将水烧开，下入鲜肉粽生坯，用大火煮约1小时后，改小火焖约2小时至成熟即可，如图6-4所示。

3.技术关键

（1）煮粽子时水要一次性加足，水开放入鲜肉粽生坯。

（2）粽叶、马莲要煮透、煮软。

（3）掌握好糯米的用量。

4.成品特点

糯而不黏，油而不腻，咸甜适口。

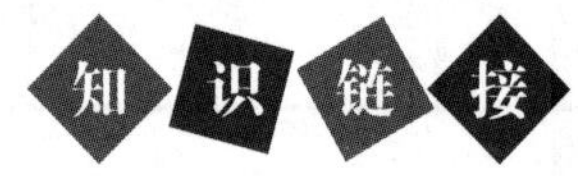

粽子的由来

粽子的由来久远，最初是用来祭祀祖先、神灵的物品。相传，公元前340年，楚国大夫屈原面对亡国之痛，于农历五月初五怀抱大石投江身亡。为了不使鱼虾损伤他的躯体，人们纷纷将粽子投入江中，引鱼虾来食。自那以后，每到这一天，人们便以粽子投江来祭奠屈原，这就是我国最早的粽子的由来。到了汉代建武年间，人们便以“菰叶裹黍”，做成“角黍”，后逐渐发展为我国端午节食品。

粽子作为中国历史文化积淀最深厚的传统食品之一，传播甚远。端午食粽的风俗，不仅千百年来盛行不衰，而且流传到朝鲜、日本及东南亚诸国。

任务二　米粉制品

实训案例一　元宵

元宵是中国汉族传统小吃之一，属于节俗食品。元宵的做法是以馅为基础，先拌馅料，拌匀后摊开、压平，晾晒或冷冻后切成比乒乓球稍小的块，然后把馅块放入像大筛子似的机器里，倒上糯米粉，“筛”起来，馅料会在滚动的过程中粘上糯米粉，逐渐变成球状，成为元宵。北方“滚”元宵，南方“包”汤圆，这是两种做法和口感都不同的食品。

一、实训目标

（1）学会元宵的制作方法。

（2）掌握元宵的成形方法。

（3）掌握元宵的成熟方法。

二、实训准备

原料	糯米粉500克，白芝麻仁75克，花生仁75克，白砂糖50克，糖桂花50克，清水、熟猪油适量
工具	方形容器、平底容器、菜刀、煮锅等

三、实训步骤

（1）用小火炒香白芝麻仁和花生仁，彻底放凉后装入袋子，用擀面杖敲碎，倒入碗里，加入白砂糖、糖桂花、适量熟猪油拌匀，装入垫有保鲜膜的方形容器冷冻约15分钟，然后取出切成12克/个的小块，揉圆，再次冷冻40~60分钟至坚硬结实。

（2）平底容器里放入糯米粉，将元宵馅浸水2~3秒后放入糯米粉中，滚粘糯米粉，重复浸水、滚粘直至元宵达到核桃大小，其间根据需要补充新糯米粉。

（3）水开后用漏勺下元宵，加盖煮2~3分钟，元宵浮起来再煮约4分钟，其间水沸腾后点冷水降温。

（4）盛出元宵，点上糖桂花即可。

元宵制作关键工艺流程如图6–5所示。

（1）制馅

（2）浸水

（3）滚粘

（4）反复浸水、滚粘

（5）煮制

（6）成品（彩图33）

图6-5　元宵制作关键工艺流程

四、技术关键

（1）馅心要切成大小均匀的小块并搓圆。

（2）浸水时，水要浸透。

（3）摇动容器滚粘时，用力要均匀。

（4）煮制时水量要足。

五、成品特点

皮薄馅大，不破不漏。

六、考核要点及评分标准

<table>
<tr><td colspan="3">考核内容：元宵</td></tr>
<tr><td>考核时间：30分钟</td><td colspan="2">制品规格：1碗</td></tr>
<tr><td>考核数量：10个</td><td colspan="2">考核形式：个人操作</td></tr>
<tr><td>考核要点</td><td>配分（分）</td><td>得分（分）</td></tr>
<tr><td>黏糯可口</td><td>25</td><td></td></tr>
<tr><td>香甜美味</td><td>25</td><td></td></tr>
<tr><td>操作手法正确，干净利落</td><td>30</td><td></td></tr>
<tr><td>形态美观，皮薄馅大，不破不漏</td><td>20</td><td></td></tr>
<tr><td>合计</td><td>100</td><td></td></tr>
</table>

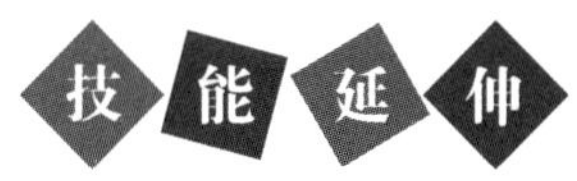

汤圆的制作

1.原料

水磨糯米粉200克，猪板油30克，黑芝麻100克，白糖100克，糖桂花1克，清水适量。

图6-6　汤圆

2.制作过程

（1）将黑芝麻淘洗干净、沥干，小火炒熟后碾碎；猪板油去膜，剁成蓉，加入白糖、黑芝麻碎拌匀搓透即成馅心，分成20份备用。

（2）将水磨糯米粉加清水揉透后下20个剂子备用。

（3）取一个剂子，用手捏成酒盅形，填入馅心，收口后搓成光滑的圆球，即成汤圆生坯。

（4）将水烧开，下入汤圆生坯，煮至上浮后，点2~3次清水煮至成熟，起锅装碗，每碗装汤团10个，另加糖桂花0.5克即成，如图6-6所示。

3.技术关键

（1）芝麻要用小火炒制，防止炒焦。

（2）剂子和馅心大小一致。

（3）控制好煮制时间，防止露馅或过火。

4.成品特点

柔软筋道，薄而不破。

成形技术——滚粘

滚粘是将馅心加工成球形或小块后通过着水增加黏性，在粉料中滚动，使馅心表面粘上多层粉料的方法。北方的元宵、江苏盐城的藕粉圆子即是用这种成形方法制作的。以北方的元宵为例，先把馅料切成小块，浸水润湿，放入装有糯米粉的平底容器中，用力均匀地摇晃平底容器，使馅心通过滚动粘上一层干粉；捡出，再浸水，滚动粘粉，如此反复多次，直至元宵成形。

元宵的馅心必须干韧不松散，大小相同，才能粘住干粉，且滚粘后规格一致。过去是人工手摇元宵，劳动强度大，现在普遍改用机器摇元宵，产量高，质量也比较好。

实训案例二　双酿团

双酿团属于苏州糕团中的熟粉团，指一团中裹入两种馅心，因此成品软糯黏滑，一团双味。其坯料采用2∶3配制的镶粉加清水揉拌、蒸熟制成。行业中称此种坯料为熟粉团。凡以熟粉团作原料的制品皆现制现售。

一、实训目标

（1）学会双酿团的制作方法。

（2）掌握双酿团的成形方法。

（3）掌握双酿团的成熟方法。

二、实训准备

原料	坯料：水磨糯米粉180克，水磨粳米粉120克，清水150克。 馅料：干豆沙150克，黑芝麻50克，绵白糖30克。 辅料：抹用素油15克
工具	蒸屉、屉布等

三、实训步骤

（1）将黑芝麻洗净，小火炒熟，碾碎，与绵白糖拌匀，即成芝麻酥。

（2）将水磨糯米粉、水磨粳米粉拌匀，加入清水再拌匀，静置，过筛成糕粉，放入铺有屉布、抹过素油的蒸屉中，上蒸锅蒸制约20分钟，取出趁热揉成熟粉团。

（3）将熟粉团下8个剂子，取一个按成中间厚、周边薄的皮子，放入干豆沙，捏拢收口，再按成中间厚、周边薄的皮子，包入芝麻酥，捏拢收口，顶部略按平即可。

双酿团制作关键工艺流程如图6-7所示。

（1）配料

（2）筛粉

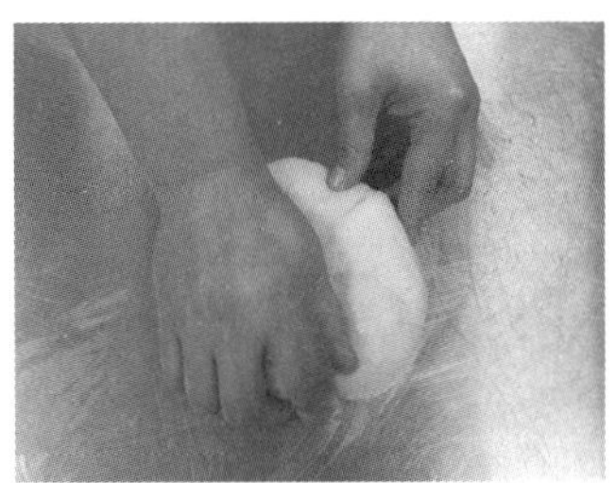
（3）揉面

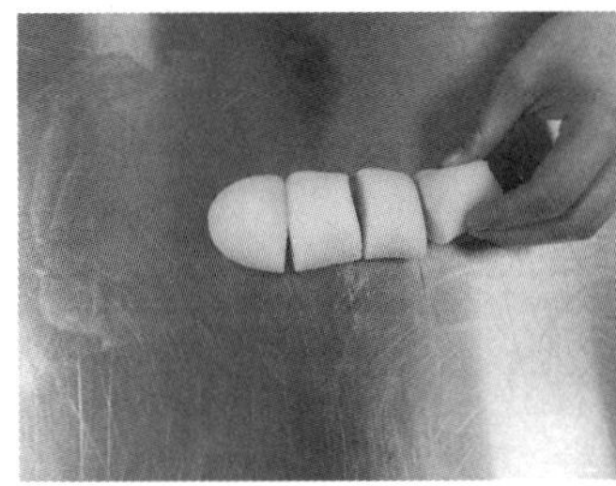
（4）下剂

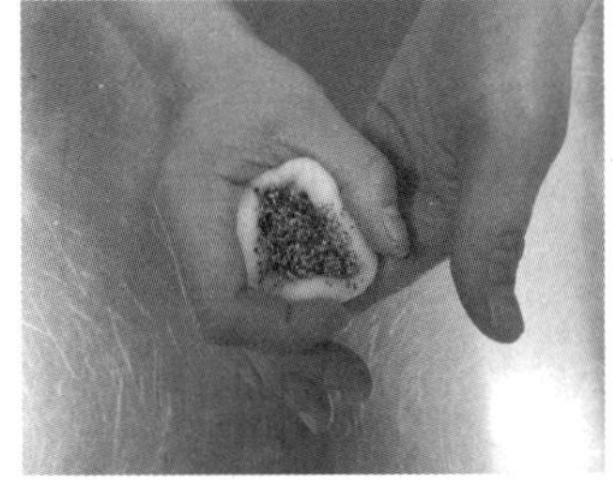
（5）包馅

（6）成品（彩图34）

图6-7 双酿团制作关键工艺流程

四、技术关键

（1）下剂准确，大小一致。

（2）糕粉过筛，防止结块。

（3）控制好馅心用量，防止破皮。

五、成品特点

白里透红，大小一致，口感软糯，层次感强。

六、考核要点及评分标准

考核内容：双酿团		
考核时间：45分钟	制品规格：皮35克，馅15克	
考核数量：8个	考核形式：个人操作	
考核要点	配分（分）	得分（分）
面团软硬适度	20	
操作手法正确，干净利落	30	
馅心用量准确，不破不漏	25	
形似圆球，大小一致	25	
合计	100	

技能延伸

粢毛团的制作

1.原料

细糯米粉225克，细粳米粉150克，沸水125克，凉水25克，经过调味的鲜肉馅200克，糯米125克。

图6-8 粢毛团

2.制作过程

（1）将糯米淘洗干净，泡4～5小时后沥干水分备用，使用前用沸水烫熟。

（2）将细糯米粉、细粳米粉放入盆内拌匀，加入沸水调成雪花状，略加冷水揉成粉团。

（3）将粉团揉匀，搓条，下剂，把剂子按扁捏成窝状，放入鲜肉馅，捏拢收口，投入烫过的糯米中滚动，使粉团粘上糯米，再整齐地放入蒸屉。

（4）将生坯上蒸锅蒸约10分钟至成熟即可，如图6-8所示。

3.技术关键

（1）馅心的口味、软硬要适当。

（2）糯米一定要提前浸泡，否则难以蒸熟。

（3）控制好馅心大小。

（4）控制好蒸制时间。

4.成品特点

色泽洁白，口味咸鲜。

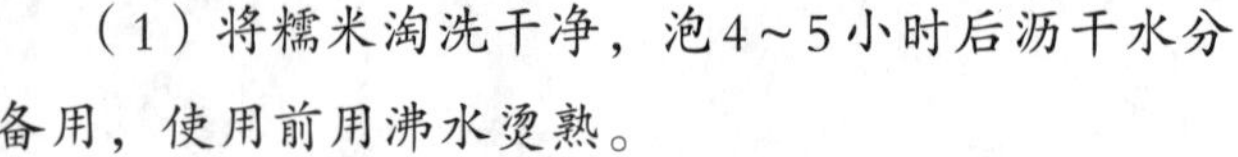

知识链接

团类粉团的定义和分类

团类粉团是指米粉加水调制而成的粉团，这类粉团需要进行预熟处理，增强淀粉黏性。团类制品按成形成熟次序，可分为先成形后成熟的生粉团和先成熟后成形的熟粉团两种。双酿团和如意芝麻凉糕就属于熟粉团的代表品种。

熟粉团调制的技术要领为：

（1）控制好加水量，避免坯团过硬或过软。

（2）成熟时间要充足，制品一定要熟透。

（3）蒸熟的米粉要趁热搅拌或揉搓均匀，保证粉团细腻、光滑。

实训案例三　玫瑰莲子猪油松糕

玫瑰莲子猪油松糕是上海著名的传统糕团，是喜庆寿筵、过年过节的必备品，清末时与桂花糖年糕同时盛行上海，至今一直深受人们的喜爱。

一、实训目标

（1）学会玫瑰莲子猪油松糕的制作方法。

（2）掌握玫瑰莲子猪油松糕的成形方法。

（3）掌握玫瑰莲子猪油松糕的成熟方法。

二、实训准备

原料	粳米粉250克，糯米粉250克，猪板油90克，核桃仁2个，莲子8颗，蜜枣2个，白砂糖200克，玫瑰花适量，糖桂花少许等
工具	蒸锅、蒸屉、屉布等

三、实训步骤

（1）将猪板油撕去皮膜，切成约0.4厘米见方的丁，加入50克白砂糖拌匀，浸渍7～10天；莲子掰开；蜜枣去核，切片；核桃仁切成小块。

（2）粳米粉和糯米粉掺和在一起成为镶粉，盆内加入镶粉、其余的白砂糖、清水拌匀，筛去粗粒，稍醒发后放入铺有屉布的蒸屉内刮平，用核桃仁、莲子、蜜枣、玫瑰花、板油丁等装饰成美观的图案，上锅蒸至将成熟时，揭开盖洒些温水，再蒸至成熟即可。

（3）如果想制成赤豆松糕或豆沙松糕，可将豆沙填入糕坯中，或将赤豆煮熟后拌入粉中；如果是制成豆沙馅的松糕，糕粉中只需用白砂糖150克，其他原料不变。

玫瑰莲子猪油松糕制作关键工艺流程如图6–9所示。

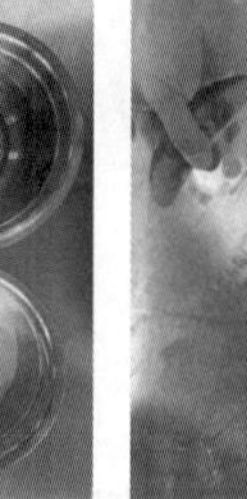

（1）配料

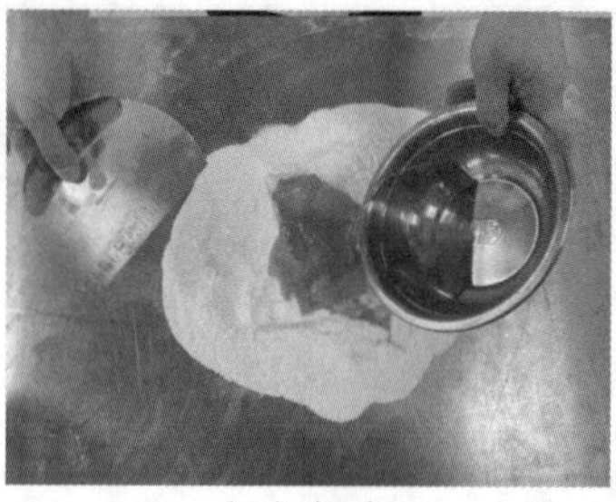

（2）加水

（3）揉面

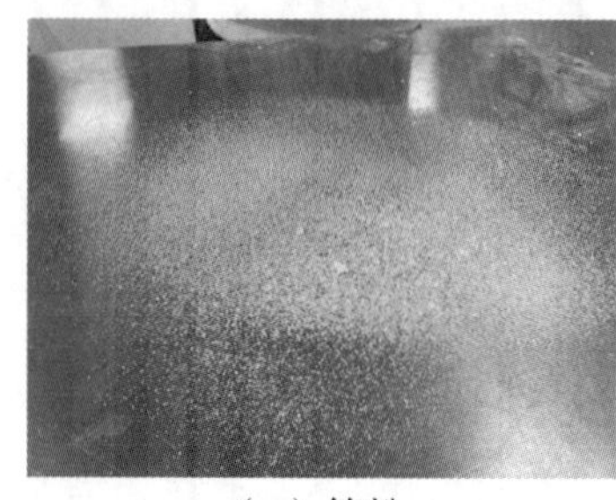

（4）筛粉

（5）装饰

（6）成品（彩图35）

图6-9　玫瑰莲子猪油松糕制作关键工艺流程

四、技术关键

（1）控制好加水量。

（2）糕粉一定要过筛，防止结块，否则不易成熟。

（3）镶粉放入蒸屉后不要按实。

（4）蒸至糕面光亮、发白呈透明状为宜。

五、成品特点

香甜可口。

六、考核要点及评分标准

考核内容：玫瑰莲子猪油松糕		
考核时间：45分钟	制品规格：1000克/份	
考核数量：1份	考核形式：个人操作	
考核要点	配分（分）	得分（分）
制品不松散，不结块	20	
香甜可口	30	

续表

考核要点	配分（分）	得分（分）
操作手法正确，干净利落	25	
美观	25	
合计	100	

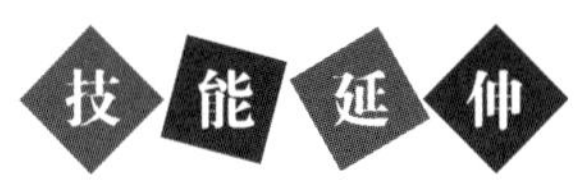

定胜糕的制作

1. 原料

糯米粉175克，粳米粉325克，红曲粉5克，白砂糖100克，水适量。

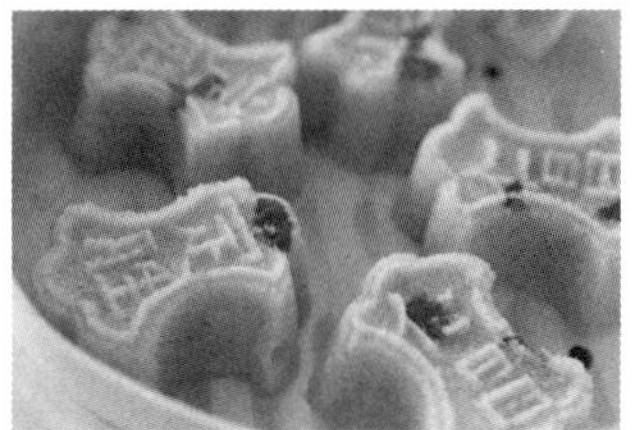
图6–10　定胜糕

2. 制作过程

（1）将粳米粉、糯米粉、红曲粉、白砂糖和少量清水拌匀，醒发约1小时。

（2）将糕粉放入定胜糕模具内，压实，面上用刀刮平，用旺火蒸约20分钟，至糕面结拢取出，翻扣在案板上即成，如图6–10所示。

注意：一般情况下，用梨木雕刻成的模具正好装下一两湿米粉。

3. 技术关键

（1）软硬适当，控制好用粉比例。

（2）合理的配料、调拌方法才能使粉团符合工艺要求。

（3）糕粉放入模具后要压实，否则会影响外形和品质。

（4）控制好蒸制时间。

4. 成品特点

色泽粉红，松软香甜。

松质糕的调制方法及运用

松质糕一般是先成形后成熟，即制作时将粉料放入特制的模具内成形，再蒸熟。松质糕大多以糯米粉、粳米粉配粉，韧性小，入口松软。

配料：糯米粉、粳米粉、白糖（或食盐）、水等。

工艺流程：配粉（糯米粉、粳米粉）→拌粉→掺水（可加糖或食盐）→静置→夹粉→松质糕粉团→成熟。

调制方法：松质糕粉团的配粉、拌粉、掺水、静置、夹粉的程序与黏质糕粉团相同，只是最终形成了松散的粉团，还需要经过入模成形、蒸制成熟才能成为制品。

用途：主要用于制作五色小圆松糕、定胜糕等。

实训案例四 枣泥拉糕

枣泥拉糕是江苏苏州等地的传统风味糕类小吃，是非常典型的苏式糕点。以前做此糕用水较多，做好的糕盛入碗中，食时用筷子挑起、拉开，故名拉糕。后经改制，减少了用水量，切块装盘，形态美观、风味尤佳。

一、实训目标

（1）掌握枣泥拉糕的成团原理。

（2）掌握枣泥拉糕的制作方法。

二、实训准备

原料	水磨糯米粉300克，水磨粳米粉200克，红枣水175克，白糖60克，枣泥350克，色拉油25克，松子等装饰料适量
工具	蒸箱、油刷、切刀等

三、实训步骤

（1）将水磨糯米粉和水磨粳米粉拌匀，加入红枣水制成厚糊状，加入白糖和枣泥拌匀。

（2）在厚糊表面撒上松子等装饰料，蒸制约30分钟。

（3）取出蒸熟的枣泥拉糕，案板上抹上色拉油，趁热揉光滑，搓成长条状。

（4）冷却后切块装盘即可。

枣泥拉糕制作关键工艺流程如图6–11所示。

（1）配料

（2）拌和

（3）拌入枣泥

（4）成熟

（5）成形

（6）成品（彩图36）

图6–11　枣泥拉糕制作关键工艺流程

四、技术关键

（1）熬制枣泥时要用小火。

（2）下粉比例要准确。

（3）蒸制成熟后要趁热揉制。

五、成品特点

枣香扑鼻，香甜滑润。

六、考核要点及评分标准

考核内容：枣泥拉糕		
考核时间：60分钟	制品规格：15块/盘	
考核数量：1盘	考核形式：个人操作	
考核要点	配分（分）	得分（分）
枣泥稠厚适宜	20	

续表

考核要点	配分（分）	得分（分）
蒸制成熟，趁热揉匀	20	
蒸后不粘牙、不变形	25	
枣香扑鼻，香甜滑润，形态美观	35	
合计	100	

太白糕的制作

1. 原料

水磨糯米粉500克，澄粉200克，绵白糖300克，白酒15克，冷水500克，黄油100克，色拉油适量。

装饰料：熟松子仁20克，樱桃10粒。

图6–12　太白糕

2. 制作过程

（1）将水磨糯米粉、澄粉、绵白糖、蒸化的黄

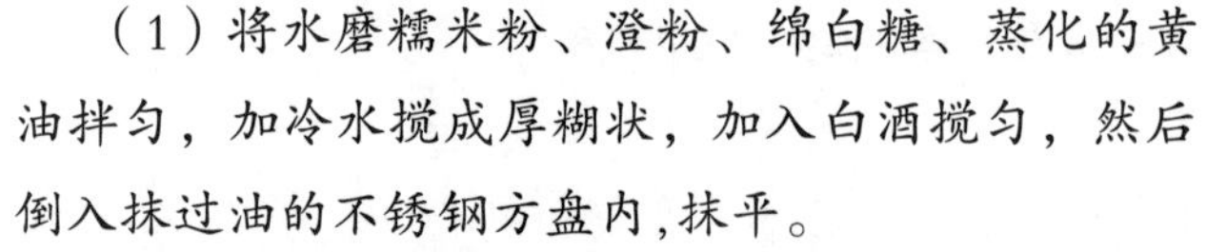
油拌匀，加冷水搅成厚糊状，加入白酒搅匀，然后倒入抹过油的不锈钢方盘内，抹平。

（2）将装有糕糊的不锈钢方盘放入蒸屉中，上蒸锅蒸约45分钟取出，晾凉。

（3）待糕体凉透，用刀切成每块35克左右的菱形小块，装盘即可，如图6–12所示。亦可镶上几粒熟松子仁和半粒樱桃进行装饰。

3. 技术关键

（1）粉料和水的比例要适当。

（2）装饰料可根据需要适当调制，不可喧宾夺主。

（3）切制时大小一致，注意美观。

4. 成品特点

色泽洁白，口味香甜。

黏质糕的调制方法及运用

调制方法：根据制品要求，称取一定量的糯米粉和粳米粉拌匀，掺入适量的清水、白糖或食盐，使糕粉达到“拢则成团，散则似沙”的效果，静置一段时间，使粉粒吸足水分，然后进行夹粉，将粉团筛散。放入蒸桶（或箱、笼）中蒸制成熟，倒在铺有洁布的案板上，双手抓住布角将熟粉揉成光滑的粉团。最后切块摆盘即可。

黏质糕主要有桂花白糖年糕、枣泥拉糕、糯米芝麻凉糕等制品。

实训案例五　糯米芝麻凉糕

糯米芝麻凉糕是北京的风味点心。该点心属于黏质糕制品，它是以水磨糯米粉、水磨粳米粉、绵白糖、清水等调制而成，口味香甜，质感软糯、有咬劲。它既可作席点，又可作小吃，很适合夏季食用。

一、实训目标

（1）掌握糯米芝麻凉糕的制作方法。

（2）掌握糯米芝麻凉糕制作的技术关键。

二、实训准备

原料	糯米粉400克，清水600克，麻油50克，白糖250克，去壳芝麻100克，薄荷香精、色拉油各适量
工具	炒锅、方盘、切刀等

三、实训步骤

（1）炒锅放入清水、白糖、薄荷香精，待锅内水沸、糖化，徐徐放入糯米粉，边放边搅拌，待锅内起大泡时，放入麻油搅拌至成熟。

（2）取一方盘，盘底抹油，撒一层芝麻，将面糊放入盘内，抹平。

（3）冷却后切块装盘。

糯米芝麻凉糕制作关键工艺流程如图6-13所示。

（1）配料

（2）烫粉

（3）成熟

（4）成形

（5）成品（彩图37）

图6-13　糯米芝麻凉糕制作关键工艺流程

四、技术关键

（1）配料准确。

（2）烫粉时要水沸、糖化，加入糯米粉后要不断搅拌，防止焦煳。

（3）冷却后切块装盘。

五、成品特点

软糯黏滑、香甜可口。

六、考核要点及评分标准

<table>
<tr><td colspan="3">考核内容：糯米芝麻凉糕</td></tr>
<tr><td>考核时间：30分钟</td><td colspan="2">制品规格：15克/块</td></tr>
<tr><td>考核数量：10块</td><td colspan="2">考核形式：个人操作</td></tr>
<tr><td>考核要点</td><td>配分（分）</td><td>得分（分）</td></tr>
<tr><td>下粉时机准确</td><td>20</td><td></td></tr>
<tr><td>面要烫熟，烫透，不夹生，不焦煳</td><td>30</td><td></td></tr>
<tr><td>外形美观</td><td>15</td><td></td></tr>
<tr><td>软糯黏滑、芝麻香味浓郁</td><td>35</td><td></td></tr>
<tr><td>合计</td><td>100</td><td></td></tr>
</table>

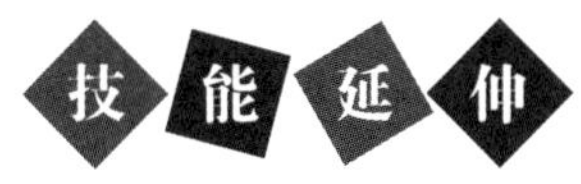

如意芝麻凉卷的制作

1.原料

水磨糯米粉300克，水磨粳米粉300克，绵白糖200克，清水300克，豆沙馅150克，莲蓉馅150克，脱壳白芝麻50克，抹用素油5克。

图6-14 如意芝麻凉卷

2.制作过程

（1）将脱壳白芝麻洗净，用小火炒熟，碾成芝麻碎备用。

（2）将水磨糯米粉、水磨粳米粉、绵白糖置于粉桶中，加入清水拌匀，稍静置后放入粗眼筛中过筛成糕粉。

（3）取蒸屉一只，内以竹箅垫底，屉壁及竹箅上抹上素油，先铺放一层糕粉，上沸水锅蒸到蒸汽透出糕粉时，逐步把余粉加到冒汽处，直到将糕粉加完，盖上盖蒸约10分钟，至糕面成白玉色，质地软润、筷子插入不粘时即成熟，取下。

（4）双手蘸冷开水将糕粉揉按至光滑。

（5）将糕粉团擀成长方片，将其长度的一半铺上豆沙馅，另一半铺上莲蓉馅，由两头向中间卷起，然后将芝麻碎撒在双卷上，沿截面切成如意卷形即成，如图6-14所示。

3.技术关键

（1）凉卷的口味和形态受装饰料的影响。

（2）芝麻要淘洗干净，小火炒制，趁热碾碎。

（3）控制好蒸制时间。

（4）揉制程度对制品的外观有很大影响。

4.成品特点

色泽玉白，形似如意，质感黏糯，口味香甜。

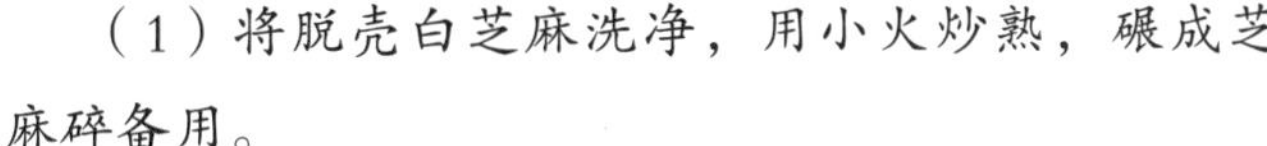

黏质糕调制技术关键

（1）配料要准确。糯米粉和粳米粉的用量必须根据制品要求而定；掺水量要根据米粉品种及加工方法、生产季节而有所不同；用糖越多，掺水量越少。

（2）加工方法要得当。拌粉要均匀；糕粉静置的时间主要根据粉质和季节而定，如白漱糖粉冬季需静置8～10小时，春秋季则只需3～4小时，夏季仅需2小时左右；在成熟前必须先夹粉，否则糕粉结团不易成熟；成熟时糕粉需逐次加入，因为一次加足，不易熟透；揉捏必须趁热进行。

实训案例六 玉米饼

玉米饼改变了人们以往对粗粮口感的看法，将粗粮细做，在增加营养价值的同时，给人们带来可口的食品。

一、实训目标

（1）学会玉米饼的制作方法。

（2）掌握玉米饼的成形方法。

二、实训准备

原料	细玉米粉150克，面粉100克，鸡蛋1个，玉米粒1桶，绵白糖100克，炼乳、椰浆各50克，泡打粉、小苏打各少许
工具	电饼铛、油刷、勺等

三、实训步骤

（1）将鸡蛋打入小盆内，打散，加入炼乳、椰浆、绵白糖、泡打粉、小苏打搅匀，加入适量清水搅匀。

（2）将细玉米粉、面粉混合后放入盆内，调成面糊状备用。

（3）把电饼铛烧热，用勺将面糊浇入电饼铛做成圆饼状，并撒上少许玉米粒。

（4）饼下方变色即翻面，刷油，饼底变成金黄色即可。

玉米饼制作关键工艺流程如图6-15所示。

（1）加水

（2）调糊

（3）烙饼

（4）成熟

（5）成品（彩图38）

图6-15　玉米饼制作关键工艺流程

四、技术关键

（1）面糊稠度要适宜。

（2）粉料要分次加入。

（3）玉米粒撒得要及时，用量要恰当。

（4）掌握好电饼铛温度。

五、成品特点

大小一致，色泽金黄，暄软香甜。

六、考核要点及评分标准

考核内容：玉米饼		
考核时间：30分钟	制品规格：80克/张	
考核数量：6张	考核形式：个人操作	
考核要点	配分（分）	得分（分）
配料准确	20	
面糊调匀	25	
火候掌握准确	25	
色泽金黄，暄软香甜	30	
合计	100	

六合饼的制作

1.原料

细玉米粉100克，大米粉100克，小米粉100克，高粱米粉100克，面粉100克，黄豆粉100克，鸡蛋2个，绵白糖150克，炼乳、椰浆各50克，泡打粉、小苏打各少许。

图6–16　六合饼

2.制作过程

（1）将鸡蛋打入小盆内，打散，加入炼乳、椰浆、绵白糖、泡打粉、小苏打搅匀，加入适量清水搅匀。

（2）将细玉米粉、大米粉、小米粉、高粱米粉、面粉、黄豆粉混合后放入盆内调成面糊备用。

（3）把电饼铛烧热，用勺将面糊浇入电饼铛做成圆饼状。

（4）饼下方变色即翻面，刷油，饼底变成金黄色即可，如图6–16所示。

3.技术关键

（1）面糊稠度要适宜。

（2）粉料要分次加入。

（3）浇入电饼铛的面糊量要适宜，确保制品大小一致。

（4）控制好电饼铛的温度。

4.成品特点

大小一致，色泽金黄，暄软香甜。

掺粉的作用

（1）改进粉料的性能，使粉团软硬适度，便于包捏，保证制品成熟后的形状美观。糯米粉、粳米粉、籼米粉的硬度、黏性有很大差别。如果只用一种米粉制作面点，不利于加工成形，如果几种米粉掺和后用于制作面点，可起到互补作用。

（2）扩大粉料的用途，使品种多样化。通过掺和几种粉料，可进一步扩大粉料的用途。掺和粉料的品种、比例等不同，制成的制品也不同。

（3）综合使用多种粮食，提高制品的营养价值。不仅可以在米粉与米粉之间掺和，也可以将米粉与其他粮食粉料掺和，以增加制品的风味，提高制品的营养价值。

掺粉的方法

一般是根据不同品种的制作要求进行掺粉。常用的掺粉方法有以下几种：

（1）糯米粉、粳米粉和籼米粉掺和。这是最常用的方法，其掺和法是将糯米粉、粳米粉、籼米粉根据要求按比例掺和。其制品软糯、滑润，如松糕、拉糕等。

（2）米粉与面粉掺和。在米粉中加入面粉，能增加面团中的面筋质。例如在糯米粉中掺入适当的面粉，会使面团黏糯有劲，制品不易走样。

（3）米粉与杂粮粉掺和。在制作点心过程中也会用到杂粮粉，如豆粉、薯粉、高粱粉和小米粉等，这些都可以与米粉掺和使用。此外，还可以掺入南瓜泥等，如制作南瓜饼时就会掺入南瓜泥。

实训案例七　麻团

麻团又叫“煎堆”，华北地区、东北地区称麻团，海南称珍袋，广西称油堆，是中国油炸面食的一种，有些包有豆沙等馅料，有些没有。这也是广东及港澳地区常见的贺年食品，有“煎堆辘辘，金银满屋”之意。

一、实训目标

（1）学会麻团的制作方法。

（2）了解米粉面团的性质。

（3）掌握麻团成熟的油温。

二、实训准备

原料	糯米粉500克，豆沙馅400克，白糖100克，白芝麻300克，泡打粉少许，炸油1500克等
工具	炸锅等

三、实训步骤

（1）将糯米粉加入泡打粉、白糖，用温水调制成团，揉匀揉透。

（2）分成10个剂子，分别包入豆沙馅，捏搓成球状，再滚粘上白芝麻，制成麻团生坯。

（3）炸锅加入色拉油，烧至三四成热时将麻团生坯下锅，炸制成熟即可。

麻团制作关键工艺流程如图6-17所示。

（1）面团　（2）捏皮　（3）上馅

（4）粘芝麻　（5）成熟　（6）成品（彩图39）

图6-17　麻团制作关键工艺流程

四、技术关键

（1）面团要揉匀揉透。

（2）生坯收口一定要严，馅心要正。

（3）要控制好炸制时的油温。

五、成品特点

大小均匀，形圆馅正，色泽金黄，香甜软糯。

六、考核要点及评分标准

考核内容：麻团		
考核时间：60分钟	制品规格：50克/个	
考核数量：6个	考核形式：个人操作	
考核要点	配分（分）	得分（分）
调制面团的方法正确	25	
包馅干净利落	25	
掌握好炸制的油温	30	
色泽金黄，香甜软糯	20	
合计	100	

香麻软枣的制作

1.原料

糯米粉400克，粳米粉100克，白糖200克，去皮芝麻100克，莲蓉馅200克，色拉油2500克，冷水200克，糖水适量。

图6-18　香麻软枣

2.制作过程

（1）将糯米粉、粳米粉、白糖放入盆内，加冷水拌匀，然后用旺火蒸约30分钟后取出放在案板上晾凉，揉成团，搓条，下40个剂子，压扁后逐个包入5克莲蓉馅，收口向下，搓成枣形，表面刷上糖水，放入盛芝麻的盘中，滚粘一层芝麻即成生坯。

（2）在炸锅中加入色拉油，上火烧至八成熟，放入香麻软枣生坯，炸约2分钟，至表面呈金黄色时捞出，沥干油后装盘，如图6-18所示。

3.技术关键

（1）严格按照用料比例制作。

（2）油温不要太高，以免外焦里生。

4.成品特点

形似大枣，香甜软糯。

工艺手段着色

面点的色泽主要来源于原料本身。其含义有两点：一是各种原料在加工前就具有色彩；二是各种原料在配制、调味、成形、成熟等过程中，因原料间的影响，或因原料自身产生了某些变化，形成了一些制作工艺进行前没有的美丽色泽。这种情况亦属于面点原料固有色。不同的是，后者的色彩是经过加工形成的，而前者的色彩则是原料加工前就有的。

1. 焦糖化着色

有些面点中有一定量的糖类原料。糖类在烘烤、油炸的过程中，随着温度的升高和水分的挥发会逐步焦化，因此制品呈现出金黄、棕黄等色泽。制品色泽的深浅主要通过调节火力，增减制品中的含糖量等方法来调节。一般来说，含糖量高，制作时的油温高，制品的颜色就深；反之则浅。

2. 油炸着色

油炸着色是指制品生坯在油炸过程中，产生金黄、棕黄等色泽的一种着色法。

各类面点制品中均含有一定的淀粉及糖类。这些成分在油炸过程中，同烘烤一样，会形成金黄、棕黄等色泽。同时，各种色素溶于油脂的性质不同，因此不同的油脂中含有不同的色素，制品在油炸过程中会吸附油中的色素从而完成制品着色。

实训案例八　玉米发糕

玉米发糕是人们喜爱的粗粮品种之一，它营养价值高、有香浓的玉米味。

一、实训目标

（1）学会玉米发糕的制作方法。

（2）掌握玉米发糕的成熟方法。

二、实训准备

原料	细玉米粉350克，面粉150克，绵白糖100克，酵母20克，泡打粉20克等
工具	蒸箱、小盆、刮板等

三、实训步骤

（1）将细玉米粉、面粉混合后放入盆内，加入绵白糖、酵母、泡打粉，用适量温水调制成稍干的糊状。

（2）将面糊倒入蒸盘内，刮平，醒发。

（3）见面糊稍发起，入蒸箱用旺火蒸制约25分钟，熟透取出，改刀装盘即可。

玉米发糕制作关键工艺流程如图6–19所示。

（1）和面

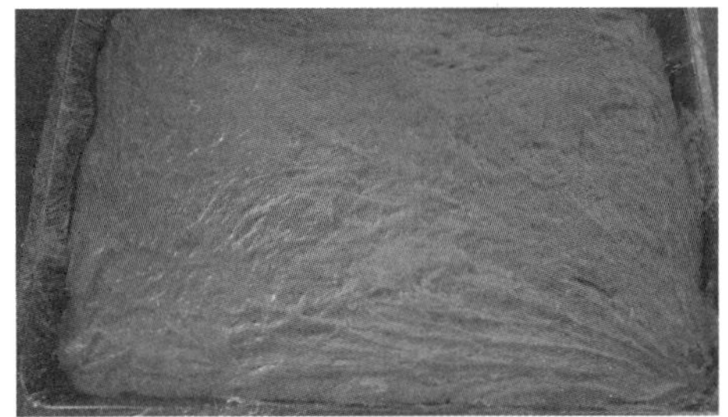

（2）醒发

（3）成熟

（4）成品（彩图40）

图6–19　玉米发糕制作关键工艺流程

四、技术关键

（1）面糊稠度要适宜。

（2）面糊摊得薄厚要适宜。

（3）醒发程度要准确。

（4）旺火蒸制，不要过火

五、成品特点

色泽金黄，整齐不碎，暄软香甜。

六、考核要点及评分标准

考核内容：玉米发糕		
考核时间：45分钟	制品规格：500克/份	
考核数量：1份	考核形式：个人操作	
考核要点	配分（分）	得分（分）
配料准确	20	
面糊调匀	25	
成熟时间准确	25	
色泽金黄，暄软甜香	30	
合计	100	

窝窝头的制作

1.原料

细玉米粉200克，黄豆粉100克，绵白糖50克，小苏打少许。

2.制作过程

（1）将细玉米粉、黄豆粉混合后放入用温水溶化的绵白糖，加入小苏打，调制成团。

（2）搓条，下10个剂子。

（3）用手蘸冷水，将剂子推揉成锥形，并在底部钻一个小洞。

（4）摆入蒸屉，用旺火蒸约15分钟，熟透即可，如图6–20所示。

图6–20　窝窝头

3.技术关键

（1）面团软硬适宜。

（2）成形时双手要蘸冷水。

（3）生坯底部的孔洞大小一致，窝壁薄厚一致。

（4）旺火蒸制，不要过火。

4.成品特点

大小均匀，色泽金黄，形状别致，细腻甜香。

项目小结

本项目分为米制品及米粉制品两个学习任务，共10个实训案例，介绍了米及米粉的基本理论知识和面团的调制方法，并重点强调了一些常用制品的制作过程、技术关键、考核要点等。通过学习，学生可以熟练掌握米及米粉制品的制作方法，为以后的拓展学习奠定基础。

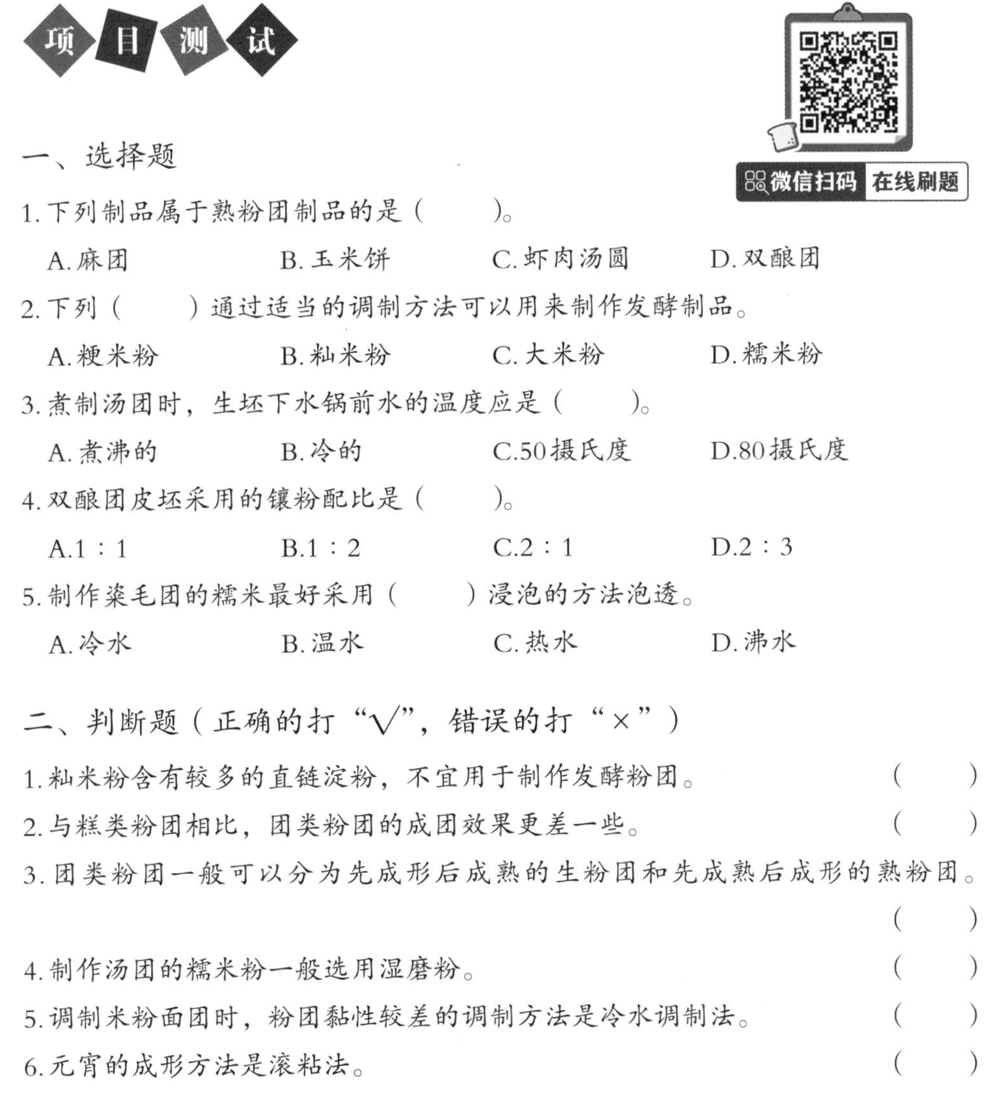

项目测试

微信扫码　在线刷题

一、选择题

1. 下列制品属于熟粉团制品的是（　　）。

A. 麻团　　B. 玉米饼　　C. 虾肉汤圆　　D. 双酿团

2. 下列（　　）通过适当的调制方法可以用来制作发酵制品。

A. 粳米粉　　B. 籼米粉　　C. 大米粉　　D. 糯米粉

3. 煮制汤团时，生坯下水锅前水的温度应是（　　）。

A. 煮沸的　　B. 冷的　　C.50摄氏度　　D.80摄氏度

4. 双酿团皮坯采用的镶粉配比是（　　）。

A.1∶1　　B.1∶2　　C.2∶1　　D.2∶3

5. 制作粢毛团的糯米最好采用（　　）浸泡的方法泡透。

A. 冷水　　B. 温水　　C. 热水　　D. 沸水

二、判断题（正确的打“√”，错误的打“×”）

1. 籼米粉含有较多的直链淀粉，不宜用于制作发酵粉团。（　　）

2. 与糕类粉团相比，团类粉团的成团效果更差一些。（　　）

3. 团类粉团一般可以分为先成形后成熟的生粉团和先成熟后成形的熟粉团。（　　）

4. 制作汤团的糯米粉一般选用湿磨粉。（　　）

5. 调制米粉面团时，粉团黏性较差的调制方法是冷水调制法。（　　）

6. 元宵的成形方法是滚粘法。（　　）

7. 枣泥拉糕是先成形后成熟。（ ）

8. 糯米芝麻凉糕是先成熟后成形。（ ）

9. 烙制玉米饼的温度应控制在200～250摄氏度。（ ）

10. 炸麻团的温度应控制在200摄氏度左右。（ ）

项目七　澄粉及其他面团制品

学　习　目　标

● **方法能力目标**

掌握澄粉及其他面团的性质、调制方法及成形原理。

● **专业能力目标**

掌握澄粉及其他面团制品的制作方法及技术关键。

● **社会能力目标**

将所学灵活应用于生活实践，推动澄粉及其他面团制品的发展与创新。

项　目　导　读

澄粉面团是将澄粉即小麦淀粉（面粉经特殊加工而成）用开水烫制后调成的面团，又称淀粉面团。这类面团采用了纯淀粉，色泽洁白，具有良好的可塑性，其制品成熟后呈半透明状，柔软细腻，口感嫩滑。澄粉面团常用于制作广式点心及各种象形面点，如水晶虾饺、莲蓉白鹅等。另外，澄粉也可以与薯粉、藕粉混合，用于制作多种点心。

任务一　澄粉面团制品

实训案例一　水晶虾饺

水晶虾饺采用澄粉面团制作，洁白透明，柔软细腻，嫩滑鲜香。

一、实训目标

（1）学会水晶虾饺的制作方法。

（2）掌握澄粉面团的调制方法。

二、实训准备

原料	皮料：澄粉200克，开水320克，玉米淀粉20克，猪油20克。 馅料：肉馅60克，虾肉100克，食盐、味精、花椒粉、葱末、姜末、香油、植物油各适量等
工具	蒸锅、小盆、拍皮刀等

三、实训步骤

（1）肉馅中加入花椒粉、姜末、食盐、味精拌匀，加入适量的水或高汤搅打上劲，把虾肉稍剁碎后放入肉馅中拌匀，加入葱末、香油、植物油拌匀成馅。

（2）把澄粉倒入盛器内，加入开水，迅速搅拌，必须将澄粉和水拌匀并将澄粉烫透、烫熟，趁热将面团擦揉均匀，边揉边加少许猪油并揉透，再揉入玉米淀粉，揉制成团。

（3）将烫好的澄粉面团切成10克/个的剂子，再用表面抹过少许油的拍皮刀，拍出圆形的皮子。

（4）左手持皮，右手放入10克左右的馅心，推捏成虾饺生坯。

（5）蒸锅内放适量的水烧开，放入虾饺生坯，蒸制约8分钟至成熟即可。

水晶虾饺制作关键工艺流程如图7–1所示。

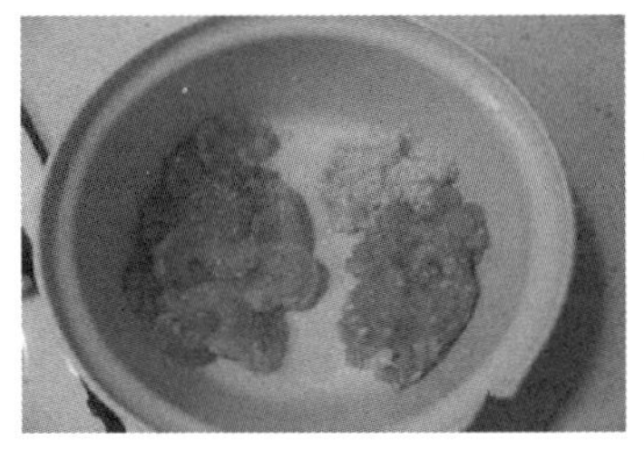

（1）调馅

（2）分坯

（3）拍皮

（4）上馅

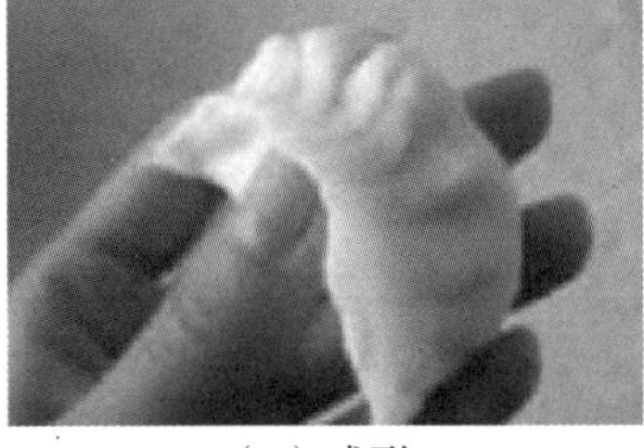

（5）成形

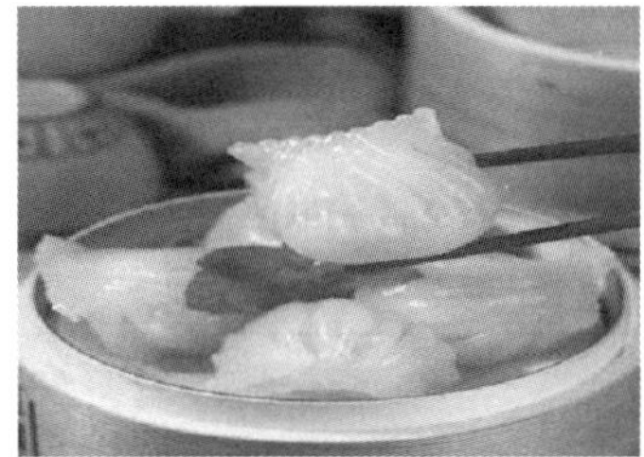

（6）成品（彩图41）

图7–1　水晶虾饺制作关键工艺流程

四、技术关键

（1）澄粉必须烫透、烫熟，虾肉要切碎。

（2）皮要拍薄，速度要快。

（3）成形要美观，封口处不要有油。

五、成品特点

洁白透明，褶距均匀。

六、考核要点及评分标准

考核内容：水晶虾饺		
考核时间：45分钟	制品规格：皮10克，馅10克	
考核数量：10个	考核形式：个人操作	
考核要点	配分（分）	得分（分）
澄粉要烫透、烫熟，拍皮手法要熟练	30	
馅心鲜嫩适口	20	
形态美观，洁白透明	20	
成熟时间准确，制品不破不漏	30	
合计	100	

实训案例二 水晶烧卖

烧卖，又称烧麦，是一种以烫面为皮、裹馅进而蒸制成熟的小吃。水晶烧卖晶莹剔透、鲜嫩适口。

一、实训目标

（1）掌握鲜虾馅的制作方法。

（2）掌握拍皮技法。

（3）掌握水晶烧卖的成形方法。

二、实训准备

原料	皮料：澄粉200克，木薯淀粉100克，猪油20克，开水320克。 馅料：鲜虾仁125克，猪油7克，食盐1克，糖2克，澄粉3克，味精、白胡椒粉、麻油各适量。 其他：葱丝，胡萝卜末等
工具	拍皮刀、案板、盆子、饺匙子、蒸锅等

三、实训步骤

（1）鲜虾仁去虾线，切成大丁，加入食盐、糖、味精、白胡椒粉，顺着一个方向搅拌至黏稠，然后加入猪油、麻油、澄粉，拌匀成馅。

（2）将开水直接倒入澄粉中，将澄粉烫熟，然后趁热加入猪油和木薯淀粉，揉成面团。

（3）将面团搓成长条后切成15克/个的剂子，用表面抹过少许油的拍皮刀拍成圆皮。

（4）左手持皮，将圆皮周围推捏出花纹，然后放入10克左右的馅心，收拢成水晶烧卖生坯，在水晶烧卖生坯中间系上一根用开水泡软的葱丝，收口处撒上胡萝卜末进行装饰。

（5）上蒸锅蒸约5分钟至成熟即可。

水晶烧卖制作关键工艺流程如图7–2所示。

（1）调馅

（2）分坯

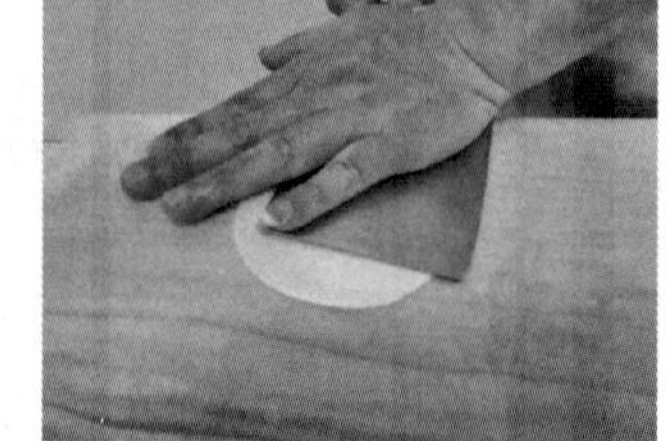
（3）拍皮

图7–2 水晶烧卖制作关键工艺流程

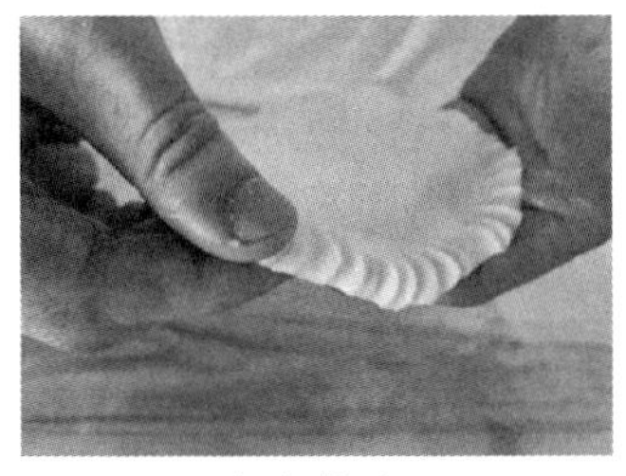
（4）推边

（5）上馅

（6）成品（彩图42）

图7-2　水晶烧卖制作关键工艺流程（续）

四、技术关键

（1）澄粉必须烫透、烫熟。

（2）拍的皮要薄且圆。

（3）收拢的力度要适度。

（4）蒸制时间不宜过长。

五、成品特点

晶莹剔透、鲜嫩适口。

六、考核要点及评分标准

考核内容：水晶烧卖		
考核时间：45分钟	制品规格：皮15克，馅10克	
考核数量：10个	考核形式：个人操作	
考核要点	配分（分）	得分（分）
澄粉要烫透、烫熟，拍皮手法要熟练	30	
馅心鲜嫩适口	20	
形态美观	20	
成熟时间准确，制品不破不漏	30	
合计	100	

象形海参的制作

1.原料

澄粉250克，生粉50克，白糖30克，猪油10克，开水400克，竹炭粉10克，海参馅150克。

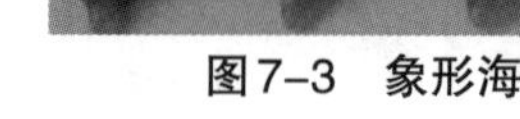

图7-3　象形海参

2.制作过程

（1）澄粉、生粉、白糖放入盆中拌匀，用开水烫熟，再加入猪油揉成团。

（2）面团中加入竹炭粉揉成黑色面团。

（3）将面团搓条、下剂，包入海参馅，收口拢成长橄榄形。

（4）用大拇指和食指捏出海参的刺，即成象形海参生坯，然后蒸约5分钟至成熟即可，如图7-3所示。

3.技术关键

（1）掌握好水温及用水量。

（2）掌握好海参刺的间距。

（3）掌握好成熟时间。

4.成品特点

形似海参，造型美观。

澄粉面团的成团原理

澄粉面团是纯淀粉制成的面团，不含蛋白质，不能靠结合水形成面筋，只能靠淀粉糊化成团。当水温在53摄氏度时，淀粉的颗粒开始膨胀。当水温在60摄氏度时，淀粉颗粒不但会膨胀，而且会进入糊化阶段，此时淀粉颗粒体积比常温下大好几倍，吸水量增加，黏性增强，有一部分会溶解于水中。当水温到67摄氏度时，淀粉颗粒会大量溶解于水中，成为黏性很高的溶胶。随着水温上升，淀粉颗粒的黏性会越来越大，到100摄氏度达到最佳。澄粉面团就是利用淀粉颗粒的这种性质，糊化成团。

实训案例三　水晶冠顶饺

水晶冠顶饺采用澄粉面团制作，形态美观，鲜嫩适口。

一、实训目标

（1）学会水晶冠顶饺的制作方法。

（2）掌握推边技法。

二、实训准备

原料	同“水晶虾饺”原料
工具	蒸锅、小盆、拍皮刀等

三、实训步骤

（1）制馅、烫面、制皮同“水晶虾饺”实训步骤（1）~（3）。

（2）将圆皮一面撒上干面粉，折叠成三角形，翻过来包馅，捏成立式三角形，将三边采用双推的手法推出花边，然后把之前折叠的面皮翻回来，整理成形。

（3）上蒸锅蒸约5分钟至成熟即可。

水晶冠顶饺制作关键工艺流程如图7–4所示。

（1）拍皮

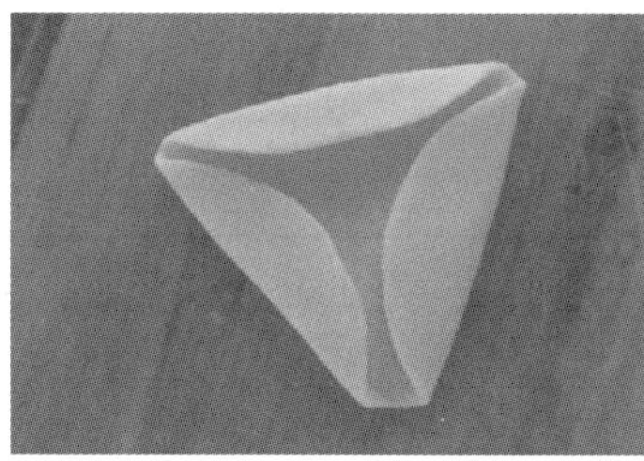

（2）成形1

（3）成形2

（4）成形3

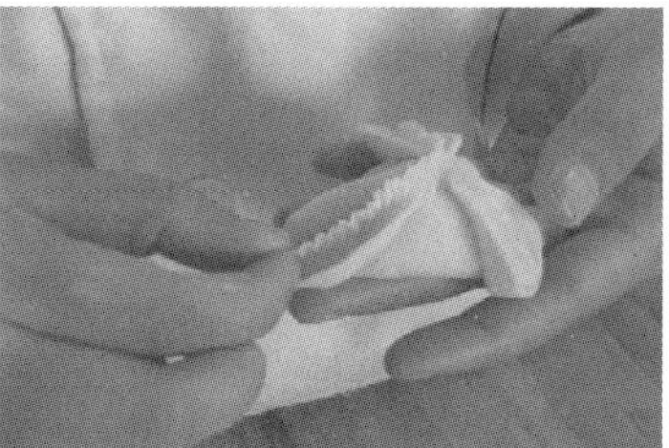

（5）成形4

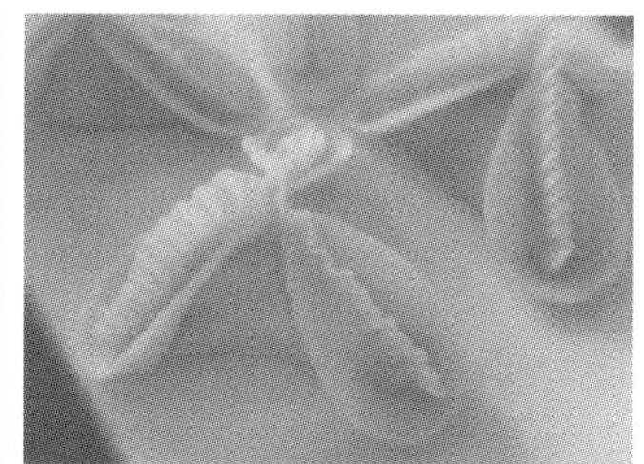

（6）成品（彩图43）

图7–4　水晶冠顶饺制作关键工艺流程

四、技术关键

（1）澄粉必须烫透、烫熟。

（2）面团揉好后，一定用湿布或保鲜膜包好，以免结皮。

（3）拍的皮要薄且圆，制品形态才美观。

（4）成熟时间要准确。

五、成品特点

花纹均匀，立体感强，鲜嫩适口。

六、考核要点及评分标准

考核内容：水晶冠顶饺		
考核时间：45分钟	制品规格：皮15克，馅10克	
考核数量：10个	考核形式：个人操作	
考核要点	配分（分）	得分（分）
澄粉要烫透、烫熟，拍皮手法要熟练	30	
馅心鲜嫩适口	20	
形态美观	30	
成熟时间准确，制品不破不漏	20	
合计	100	

实训案例四　梅花饺

梅花饺采用澄粉面团制作，形似梅花，色泽洁白，鲜香适口。

一、实训目标

（1）学会梅花饺的制作方法。

（2）掌握制作梅花饺的技术关键。

二、实训准备

原料	澄粉200克，开水320克，木薯淀粉20克，猪油20克，青菜馅160克
工具	蒸锅、小盆、筷子、拍皮刀等

三、实训步骤

（1）制馅、烫面、制皮同“水晶虾饺”实训步骤（1）～（3）。

（2）拍好的圆皮中间放上青菜馅，将边缘平分成五等分，向上提捏，成五条边，然后采用单推的方法将每条边推出纹路，再将其扣合成梅花叶片状即成梅花饺生坯。

（3）蒸锅中加水烧开，摆入梅花饺生坯，蒸制约6分钟至成熟即可。

梅花饺制作关键工艺流程如图7–5所示。

（1）分坯

（2）拍皮

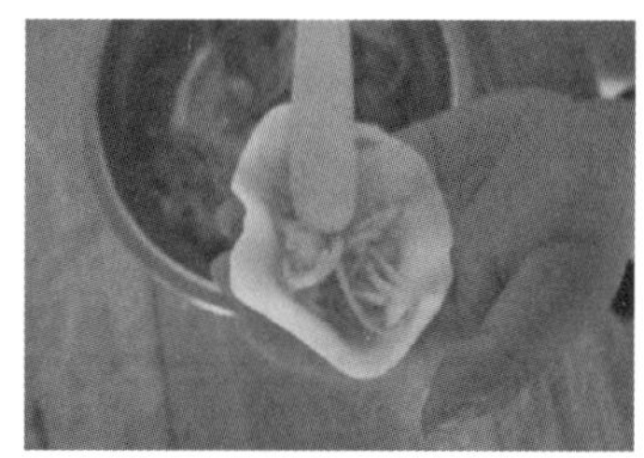

（3）上馅

（4）成形

（5）成熟

（6）成品（彩图44）

图7–5　梅花饺制作关键工艺流程

四、技术关键

（1）拍的皮要薄且圆，五等分时要分匀。

（2）推边力度要轻，纹路要清晰且均匀。

五、成品特点

形似梅花，色泽洁白，鲜香适口。

六、考核要点及评分标准

考核内容：梅花饺		
考核时间：45分钟	制品规格：皮15克，馅10克	
考核数量：10个	考核形式：个人操作	
考核要点	配分（分）	得分（分）
澄粉要烫透、烫熟，拍皮手法要熟练	30	
馅心鲜嫩适口	20	
形态美观，色泽洁白	30	
成熟时间准确，制品不破不漏	20	
合计	100	

象形菠萝的制作

1.原料

澄粉250克，生粉50克，白糖30克，猪油10，开水400克，吉士粉15克，栀子水50克，菠萝馅130克，熟黑芝麻20克，菠菜汁少许。

图7–6　象形菠萝

2.制作过程

（1）将澄粉、生粉、白糖放入盆中拌匀，用开水烫熟，再加入猪油揉成团。

（2）取大块面团加入吉士粉、栀子水，揉成黄色面团，剩余白色面团加菠菜汁揉成绿色面团。

（3）黄色面团搓条、下剂、包入菠萝馅，收口后搓成圆柱形，用刮刀刻出一个个小方格，每个小方格内粘上一粒熟黑芝麻。

（4）用绿色面团制作菠萝叶，装饰好即成象形菠萝生坯。

（5）将象形菠萝生坯上旺火蒸制约5分钟至成熟即可，如图7–6所示。

3.技术关键

（1）注意色泽的调配。

（2）掌握好成熟时间。

4.成品特点

造型逼真，有菠萝的清香。

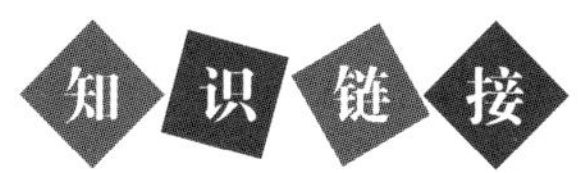

船点

“船点”按照字面理解就是在船上吃的点心。它的起源不迟于明代，因作为太湖船上的点心而得名。古时的达官贵人经常到江南一带游玩，那时候主要的交通工具就是船，船行驶速度较慢，途中自然需要用餐，于是船上配备了专门的厨师制作点心。这些点心主要是为达官贵人制作的，不但味道可口，具有香、软、糯、滑、鲜的特点，而且造型美观，创意十足。后经过历代名厨不断研究改进，将花卉瓜果、鱼虫鸟兽等形象引入船点，形成了现在船点既可观赏又可品尝的特色。船点选料考究，制作精良，加上艺术的创造，成了江苏名点。现在的船点摒弃了人工合成色素，使用食物中的天然色素，如胡萝卜汁、红椒汁、菠菜汁、黑米粉等来调色。

船点的类型大致可以分成三类：花卉类、植物瓜果类、动物类。花卉类船点主要用于点缀，以使船点的整体更协调、更美观。花卉的制作方法大致有两种，一是剪花，如大丽花；一是贴花，如月季花、马蹄莲等。植物瓜果类船点是依据植物的形态，再经艺术加工制作而成的，其神似而不完全一样，色彩比实物更鲜艳。动物类船点要求生动活泼、色彩鲜艳，形似而有艺术效果。船点千姿百态、各不相同，只有通过不断学习、反复练习才能掌握。

实训案例五　金鱼饺

金鱼饺采用澄粉面团制作，形似金鱼，色泽洁白，香甜适口，能给宴席增添美的效果。

一、实训目标

（1）学会金鱼饺的制作方法。

（2）掌握澄粉面团的调制方法。

二、实训准备

原料	澄粉200克，开水320克，木薯淀粉20克，猪油20克，莲蓉馅150克
工具	蒸锅、小盆、拍皮刀等

三、实训步骤

（1）烫面、制皮同“水晶虾饺”实训步骤（2）~（3）。

（2）在圆皮中间放上莲蓉馅，推捏成金鱼饺生坯，并装饰上“金鱼”的嘴和眼睛，即成金鱼饺生坯。

（3）蒸锅加水烧开，摆入金鱼饺生坯，蒸制约6分钟至成熟即可。

金鱼饺制作关键工艺流程如图7–7所示。

（1）拍皮

（2）上馅

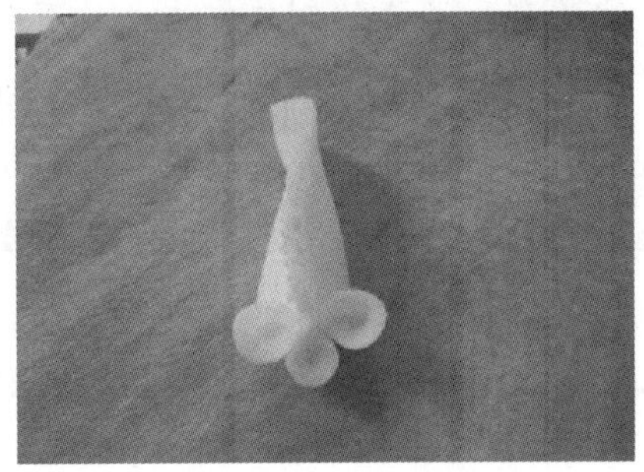

（3）成形

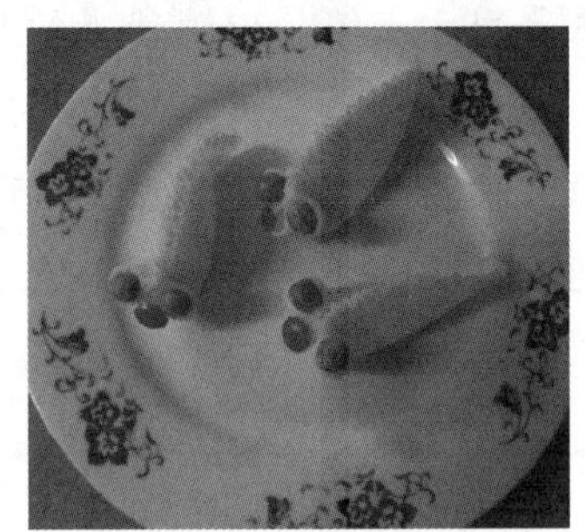

（4）成品（彩图45）

图7–7 金鱼饺制作关键工艺流程

四、技术关键

（1）皮、馅比例要合适。

（2）注意制品的形态。

五、成品特点

形似金鱼，色泽洁白，香甜适口。

六、考核要点及评分标准

考核内容：金鱼饺		
考核时间：45分钟	制品规格：皮15克，馅10克	
考核数量：6个	考核形式：个人操作	
考核要点	配分（分）	得分（分）
澄粉要烫透、烫熟，拍皮手法要熟练	30	
皮、馅比例合适	20	
形态美观，色泽洁白	30	
成熟时间准确，制品不破不漏	20	
合计	100	

实训案例六 莲蓉白鹅

莲蓉白鹅采用澄粉面团制作，形似白鹅，色泽洁白，香甜适口，能给餐桌增添艺术感。

一、实训目标

（1）学会莲蓉白鹅的制作方法。

（2）掌握澄粉面团的调制方法。

二、实训准备

原料	澄粉200克，开水320克，玉米淀粉20克，猪油20克，莲蓉馅120克，黑芝麻适量
工具	蒸锅、小盆、筷子、拍皮刀等

三、实训步骤

（1）把澄粉倒入小盆内，加入开水，迅速搅拌，必须将澄粉和水拌匀并将澄粉烫透、烫熟，边揉边加少许猪油并揉透，再揉入玉米淀粉，制成团面。

（2）将澄粉面团切成15克/个的剂子，再用表面抹过少许油的拍皮刀拍成圆皮。

（3）用圆皮包入馅心，做出鹅的身体，再取两块面做成鹅的两个翅膀，取一小块面做成鹅头，用黑芝麻点缀成眼睛，即成莲蓉白鹅生坯。

（4）蒸锅内加适量的水烧开，放入莲蓉白鹅生坯，蒸制约5分钟至成熟即可。

莲蓉白鹅制作关键工艺流程如图7–8所示。

（1）拍皮

（2）上馅

（3）成形

（4）成品（彩图46）

图7–8　莲蓉白鹅制作关键工艺流程

四、技术关键

（1）掌握好制品形态。

（2）色泽搭配要适宜。

五、成品特点

形似白鹅，色泽洁白，香甜适口。

六、考核要点及评分标准

考核内容：莲蓉白鹅		
考核时间：45分钟	制品规格：皮15克，馅10克	
考核数量：6个	考核形式：个人操作	
考核要点	配分（分）	得分（分）
澄粉要烫透、烫熟，拍皮手法要熟练	30	

续表

考核要点	配分（分）	得分（分）
皮、馅比例恰当	30	
形态美观，色泽洁白	20	
成熟时间准确，制品不破不漏	20	
合计	100	

实训案例七　象形玉兔

象形玉兔采用澄粉面团制作，色泽洁白，形象美观，香甜适口。

一、实训目标

（1）学会象形玉兔的制作方法。

（2）掌握象形玉兔的成形方法。

二、实训准备

原料	澄粉200克，开水320克，玉米淀粉20克，猪油20克，莲蓉馅120克
工具	蒸锅、小盆、拍皮刀等

三、实训步骤

（1）把澄粉倒入小盆内，加入开水，迅速搅拌，必须将澄粉和水拌匀并将澄粉烫透、烫熟，边揉边加少许猪油并揉透，再揉入玉米淀粉，制成面团。

（2）将澄粉面团切成15克/个的剂子，再用表面抹过少许油的拍皮刀，拍成圆皮。

（3）在圆皮上放莲蓉馅，收拢，搓成锥形，用剪刀剪成兔子形状，并装饰上“兔子”的嘴和眼睛，即成象形玉兔生坯。

（4）蒸锅内加适量的水烧开，摆入象形玉兔生坯，蒸制约5分钟至成熟即可。

象形玉兔制作关键工艺流程如图7–9所示。

（1）下剂

（2）拍皮

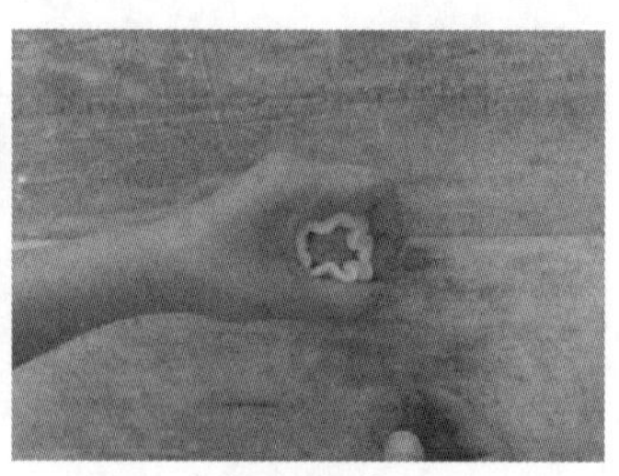

（3）包馅

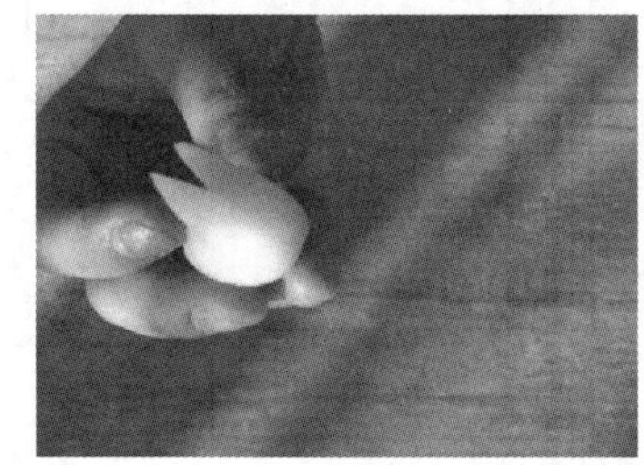

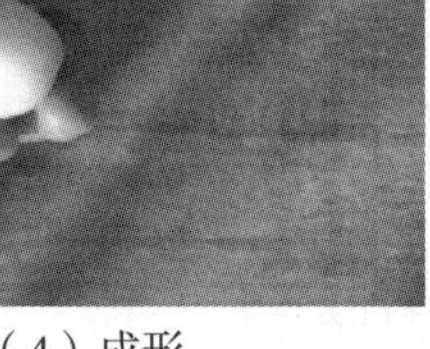

（4）成形

（5）生坯

（6）成品（彩图47）

图7-9　象形玉兔制作关键工艺流程

四、技术关键

（1）掌握好制品各个部分的比例，特别要注意“兔子”耳朵的长度。

（2）掌握好成熟时间。

五、成品特点

形似兔子，香甜适口。

六、考核要点及评分标准

考核内容：象形玉兔		
考核时间：45分钟	制品规格：皮15克，馅10克	
考核数量：6个	考核形式：个人操作	
考核要点	配分（分）	得分（分）
澄粉要烫透、烫熟，拍皮手法要熟练	30	
玉兔比例恰当，形态美观	30	
色泽洁白	20	
成熟时间准确，制品不破不漏	20	
合计	100	

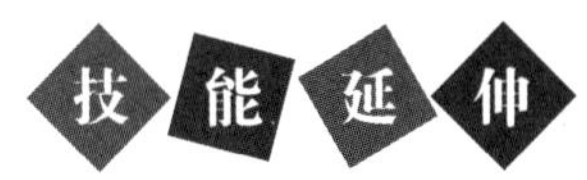

紫薯葡萄的制作

图7-10　紫薯葡萄

1. 原料

澄粉150克，开水170克，糯米粉150克，紫薯80克，豆沙馅60克，糖20克，猪油适量，色拉油少许。

2. 制作过程

（1）面团调制方法同“水晶虾饺”实训步骤（2），其中的玉米淀粉用糯米粉。

（2）紫薯蒸熟，和面团一起揉成紫色面团，搓条，下小剂子，包入豆沙馅，做成葡萄形状。

（3）盘中刷一点油，将“葡萄”摆在一起形成“一串葡萄”，入蒸锅大火蒸约6分钟至成熟。

（4）用葡萄叶稍作装饰即可，如图7-10所示。

3. 技术关键

（1）水温适宜，面团软硬适宜。

（2）盘中一定要刷油，防止粘黏。

（3）蒸制时间要准确。

4. 成品特点

形似葡萄，色泽美观，软糯香甜。

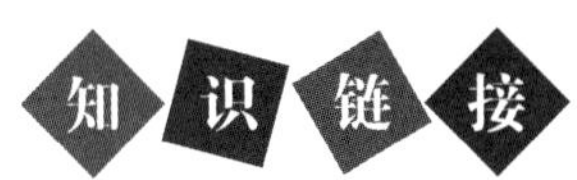

面点上色技法

面点上色技法有如下四种：

1. 喷色法

喷色法是将色液喷洒在面点表面，面点内部则保持本色。工具可选用干净的牙刷、喷瓶等。颜色的深浅可根据色液浓淡、喷洒距离远近、喷色时间长短来决定。该方法灵活简便。

2. 卧色法

卧色法是将色素掺入粉料中，使白色面团变成红、黄、橙、绿等颜色，再制成各种面点，如面粉中加入适量蛋液后可制成黄色的蛋糕，米粉中掺入青麦汁可制成绿莹莹、使人垂涎欲滴的青团。

3. 套色法

套色法是根据面点成形的需要，于本色面团外包裹一层卧色面团，或采用包、粘、贴、摆、拼等造型技法将多种颜色的面团组合制成面点，如用澄粉面团制作的各种象形蔬菜、水果等。

4. 上色法

上色法分生上色和熟上色两种。

生上色是指用排笔在制品生坯表面刷上饴糖水或蛋液，成熟后制品外皮金黄或棕黄，且不易吸收其他色素。这种方法一般适用于烙、烤、炸等。熟上色是指将色液轻轻地涂在成熟的面点表面，一般用于蒸制面点。面点成熟后，经熟上色可使制品外皮绵软光滑，避免色素消散。

任务二　其他类面团制品

实训案例一　象形雪梨

象形雪梨是江苏扬州传统风味点心。它是用由土豆泥与澄粉、糯米粉等调制而成的粉团，包上用瘦火腿等烩制而成的馅心，捏成梨形，经炸制而成。象形雪梨外酥里嫩、味道鲜美、形似雪梨，常用作宴席点心。

一、实训目标

（1）学会象形雪梨的制作方法。

（2）掌握象形雪梨的成形方法。

（3）掌握象形雪梨的成熟方法。

二、实训准备

原料	皮料：土豆泥150克，水磨糯米粉80克，澄粉50克，开水75克，胡椒粉1克。 馅料：猪肉馅50克，葱花5克，食盐5克，味精2克。 装饰料：熟瘦火腿25克，面包糠60克。 辅料：蛋清20克，色拉油2升（实耗约20克）
工具	炸锅、漏勺等

三、实训步骤

（1）将猪肉馅加入食盐、味精调制入味后加入葱花，拌匀成馅心，备用。

（2）用开水将澄粉烫制成澄粉面团，揉光滑后加入土豆泥、水磨糯米粉、胡椒粉，揉匀揉透。

（3）将面团搓条，下12个剂子，将剂子逐只压扁，包入馅心，捏拢收口向上，插上一根用火腿做成的梨把，捏紧，再捏成梨形，抹上蛋清，滚粘上面包糠，即成象形雪梨生坯。

（4）炸锅上火，放入色拉油，待油温升至约90摄氏度时，将象形雪梨生坯下锅，逐渐升高油温，炸至金黄色时捞出沥油，装盘。

象形雪梨制作关键工艺流程如图7–11所示。

（1）配料

（2）拌馅

（3）烫粉

（4）和面

（5）成熟

（6）成品（彩图48）

图7–11 象形雪梨制作关键工艺流程

四、技术关键

（1）澄面要用沸水烫制，一定要烫透、烫熟。

（2）包入的馅心重量要一致，塑性要整齐美观。

（3）控制好油温，油温不宜过高，防止制品外焦里不熟。

五、成品特点

形似雪梨，色泽金黄，外酥里嫩，咸鲜适口。

六、考核要点及评分标准

考核内容：象形雪梨		
考核时间：45分钟	制品规格：皮30克，馅15克	
考核数量：6个	考核形式：个人操作	
考核要点	配分（分）	得分（分）
大小均匀，不破不漏	20	
馅心口味准确，咸鲜适口	30	
操作手法正确，干净利落	25	
造型美观，形似雪梨	25	
合计	100	

炸制的技术关键

（1）注意油质清洁。油质不洁会影响热导或污染制品，使制品不易成熟，色泽变差。如使用植物油，要先加工至成熟才能用于炸制，否则会带有生油味，影响制品风味和质量，还会产生大量的泡沫，使热油溢出锅外，造成安全事故。冬季要避免使用动物油脂，以免制品冷却后光泽变差。反复使用的油脂，颜色加深，黏性增大，因此要视其清洁程度及时更换新油。

（2）正确掌握油温。油温的高低是决定面点形态、色泽的重要因素。一般情况下，油温过低，制品质地软绵瘪塌，含油多、色浅、光泽差，个别品种还会松散不成形；油温过高，制品色泽易黑，成熟度不够，并且会产生环状化合

物，如二聚甘油酯、三聚甘油酯和烃等对人体危害较大的毒性物质，危害人体的健康。

（3）控制好炸制时间。为了保证制品的质量，必须根据面点的大小、厚薄、质量要求来控制炸制时间。炸制时间过长，则制品颜色过深，并且水分挥发过多，制品会质硬而实；炸制时间过短，则制品不起酥，色泽和光泽不理想。因此不同的品种要有不同的炸制时间。

（4）掌握好炸制时油和生坯的比例。一般情况下，炸制时油和生坯的比例以5∶1为宜，但也应根据制品的起发强弱和成熟时间而定，起发力大的品种，生坯数量可适当减少；成熟时间短且外形变化不大的品种，生坯数量可适当增加。

（5）起蜂巢的制品成形前应试炸。在炸制面点的过程中，较难掌握的是一些要求起蜂巢的品种的情况，如蜂巢荔芋角、莲子蓉角、蛋黄角等。原料的质量、油脂的多少和油温的高低会直接影响制品的形态，在炸制这些品种前均应在包馅成形前进行试炸，掌握油脂的使用量后才可大量生产。

实训案例二 脆炸红薯球

脆炸红薯球是江苏点心师的创新品种，是在广式点心的基础上改进而成。它是用由红薯泥与澄粉、糯米粉、吉士粉等调制而成的面团，包上豆沙馅，搓成球形炸制而成。制品外脆里糯，口味香甜，深受人们的喜爱。脆炸红薯球常作为小吃，也可为席点。

一、实训目标

（1）学会脆炸红薯球的制作方法。

（2）掌握脆炸红薯球的成形方法。

（3）掌握脆炸红薯球的成熟方法。

二、实训准备

原料	皮料：红薯300克、吉士粉25克、澄粉100克、水磨糯米粉75克、绵白糖100克、熟猪油30克、沸水150克。 馅料：豆沙300克。 辅料：食用油适量
工具	炸锅、漏勺等

三、实训步骤

（1）将红薯去皮、蒸熟、制成红薯泥；用沸水将澄粉烫透、烫熟后揉成光滑的面团；将红薯泥、澄粉面团、水磨糯米粉、绵白糖、熟猪油、吉士粉混合后揉成光滑的面团。

（2）将面团揉匀，搓成长条，下30个剂子，将剂子逐个搓圆捏窝，包入豆沙馅，收口成球形。

（3）炸锅上火，放入食用油，待油温升至约90摄氏度时，将红薯球生坯下锅，逐渐升高油温，将红薯球炸至红褐色时捞出沥油，装盘。

脆炸红薯球制作关键工艺流程如图7-12所示。

（1）配料

（2）和面

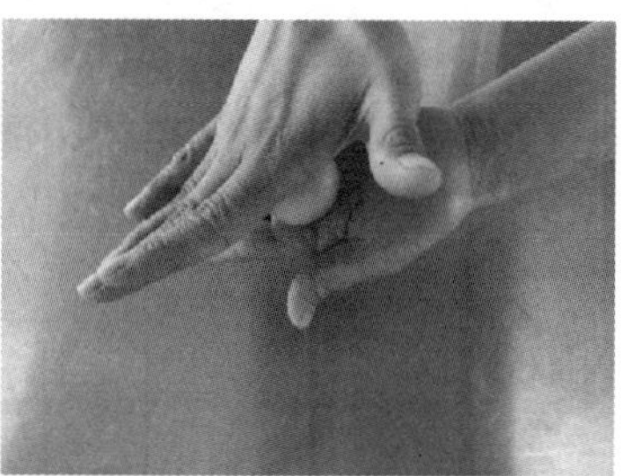
（3）搓圆

（4）成熟

（5）成品（彩图49）

图7-12　脆炸红薯球制作关键工艺流程

四、技术关键

（1）包入的馅心重量要一致。

（2）加热时逐渐升高油温，防止破皮。

五、成品特点

外酥里糯，口味香甜。

六、考核要点及评分标准

考核内容：脆炸红薯球		
考核时间：45分钟	制品规格：皮20克，馅10克	
考核数量：6个	考核形式：个人操作	
考核要点	配分（分）	得分（分）
面团软硬适度	20	
馅心用量准确，不破不漏	30	
操作手法正确，干净利落	25	
形态美观，外酥里糯	25	
合计	100	

南瓜包的制作

1.原料

澄粉250克，玉米淀粉250克，开水400克，猪油25克，南瓜250克，莲蓉馅150克。

图7-13　南瓜包

2.制作过程

（1）将南瓜蒸熟，制成南瓜泥。

（2）用开水将澄粉烫透、烫熟后揉匀。

（3）将澄粉面团加少许猪油并揉透，再揉入玉米淀粉，制成面团，加入南瓜泥，揉匀。

（4）下剂，制皮，放上莲蓉馅，收口后捏压成南瓜状，即成南瓜包生坯。

（5）蒸锅内加入水烧开，将南瓜包生坯蒸制约5分钟至成熟即可，如图7-13所示。

3.技术关键

（1）掌握好各种原料的比例。

（2）南瓜泥要细腻。

（3）掌握好成熟时间。

4.成品特点

大小均匀，色泽金黄，形似南瓜，口味香甜。

面点色泽的要求

（1）坚持面点原料本身的色泽。要保持皮坯原有的本色，这样的制品色泽自然、美观，又符合卫生要求。保持面点的本色关键是基本功要扎实，如酥皮类制品要使外皮色泽白净或金黄，就要掌握油温和炉温；酵面制品表皮要洁白丰满，就要正确施碱，旺火蒸制。

（2）根据美学适当、合理配色。适当配色主要指正确掌握色彩的顺色配和逆色配。顺色配即主色和配色是相似色，如鸳鸯饺中的两个孔洞中分别填入黄蛋糕末和火腿末，红色和黄色是暖色，属于相近色，色调和谐。逆色配也称花色配，是利用差异较明显的两种或多种颜色相互搭配、衬托，形成美丽的色调。如绿茵白菜饺，是运用花色配的方法，洁白如玉，碧绿如茵。

实训案例三 藕粉圆子

藕粉圆子是江苏盐城的传统风味点心，至今已有200多年的历史。藕粉圆子采用滚粘法成形。圆润透明的藕粉圆子泡在浓汤之中，半浮半沉，吃在嘴里细嫩爽口，柔韧而有弹性。藕粉圆子既可作宴席点心又可作甜品。

一、实训目标

（1）学会藕粉圆子的制作方法。
（2）掌握藕粉圆子的成形方法。
（3）掌握藕粉圆子的成熟方法。

二、实训准备

原料	皮料：纯藕粉400克。 馅料：杏仁15克、白芝麻30克、蜜枣30克、松子仁15克、金橘饼15克、核桃仁15克、桃酥80克、板油50克、绵白糖50克。 汤料：清水1.5L、白糖150克、糖桂花10克、琉璃芡适量等
工具	方盘、煮锅等

三、实训步骤

（1）将金橘饼、蜜枣、桃酥切成细粒；杏仁、松子仁、核桃仁分别焙熟，碾碎；白芝麻洗净，小火炒熟，碾碎；板油去膜，剁蓉；将上述馅料与绵白糖拌匀成馅，搓成白果大小的圆球60个，放入冰箱冷冻。

（2）将冻好的馅心取一半放入装藕粉的方盘内来回滚动，粘上一层藕粉后，放入漏勺，下到沸水中轻轻一蘸，迅速取出再放入装有藕粉的方盘内滚动，粘上一层藕粉后再放入漏勺中，下到沸水锅中烫制，如此反复五六次即成藕粉圆子生坯。另一半馅心依法滚粘，制成藕粉圆子生坯。

（3）将藕粉圆子生坯放入温水锅内，水沸后改用小火煮透，出锅前在碗内放上白糖、糖桂花，浇上汤汁，盛出即可。

藕粉圆子制作关键工艺流程如图7–14所示。

（1）配料　（2）拌馅　（3）制馅

（4）滚粘　（5）成熟　（6）成品（彩图50）

图7–14　藕粉圆子制作关键工艺流程

四、技术关键

（1）馅心大小要一致。

（2）粘粉次数要一致，保证生坯大小一致。

（3）控制水温。

五、成品特点

软糯香甜，色泽透明。

六、考核要点及评分标准

考核内容：藕粉圆子		
考核时间：45分钟	制品规格：皮20克，馅5克	
考核数量：12个	考核形式：个人操作	
考核要点	配分（分）	得分（分）
馅心调制准确	20	
操作手法正确，干净利落	25	
水温控制得当	30	
色泽透明，软糯香甜	25	
合计	100	

鸽蛋圆子的制作

1.原料

水磨糯米粉250克，温水50克，白糖100克，清水50克，柠檬酸0.5克，糖桂花5克，薄荷香精0.5克，白芝麻100克。

2.制作过程

（1）将白糖、清水、柠檬酸以小火熬煮成糖浆，至能拉起3.5～4.5厘米的糖丝即离火，将糖桂花、薄荷香精加入糖浆中搅匀，再倒入长方形盘中，用刮刀来回刮，当糖浆发白时用手揉捏成条，然后切成约2.5克的糖粒。

图7-15 鸽蛋圆子

（2）取糯米粉80克，加温水揉成团，压成薄片后放入沸水锅中煮至成熟，捞出过凉，将余下的糯米粉加入熟糯米团中揉成硬实的粉团。

（3）将粉团揉匀、搓条，下成12克/个的剂子，包入糖粒，收口搓捏成光滑的鸽蛋状，即成鸽蛋圆子生坯。

（4）将白芝麻洗净、沥干，小火炒熟后碾碎备用；将锅中清水烧开，下入鸽蛋圆子生坯，煮至浮起，点水煮熟，捞出用冷开水浸凉，取出后底部粘上芝麻碎即可，如图7-15所示。

3.技术关键

（1）小火熬制糖浆，使口味、软硬适当。

（2）采用煮芡法调制粉团，粉团一定要揉匀。

（3）面剂大小要均匀，否则会影响制品品质。

（4）煮制时控制好火力。

4.成品特点

色泽雪白，形似鸽蛋，质感黏糯，口味香甜。

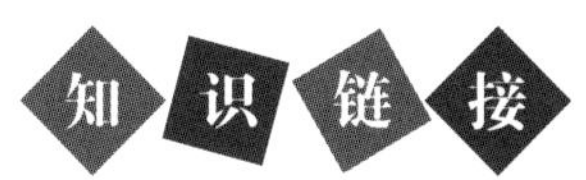

藕粉圆子介绍

江苏盐城和湖北黄冈的藕粉圆子颇为有名。传统的汤圆以糯米粉为原料，而藕粉圆子的制作可谓独具匠心。

江苏盐城的藕粉圆子以藕粉做外皮，馅心是将腌渍过的糖板油丁加桃酥、金橘饼、核桃仁、花生仁等多种果料混合制成。

湖北黄冈南部的藕粉圆子粉红透明、软糯清润，为当地名菜。将藕粉用凉水拌匀，用沸水冲熟，搓成长条，分剂，包上用桂花、花生、白糖、芝麻等调成的馅心，封口搓圆，开水煮熟或上锅蒸熟，再用猪油加糖炒制。在湖北黄冈，喜宴中必少不了四喜丸子（珍珠丸子、肉丸子、鱼丸子、藕粉圆子）。

藕粉圆子既可作为时令小吃，亦可作为宴席佳肴，其外皮均匀圆滑，富有弹性，色泽透明而呈深咖啡色，馅心甜润爽口。

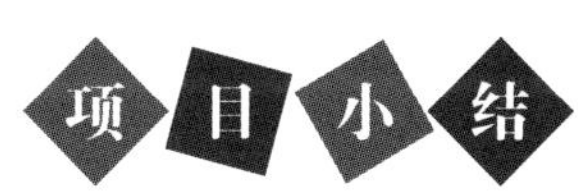

本项目分为澄粉面团和其他面团两个学习任务，10个实训案例，介绍了澄粉面团及其他面团的基本理论知识，并重点强调了一些常用制品的制作过程、技术关键、考核要点等。通过学习，学生可以熟练掌握澄粉面团及其他面团制品的制作过程、技术关键等。

微信扫码 在线刷题

一、选择题

1. 应选择（　　）制作水晶虾饺皮坯。

A. 木薯淀粉　　B. 土豆淀粉　　C. 澄粉　　D. 绿豆淀粉

2. 制作水晶烧卖时，面皮要采用（　　）方法制作。

A. 擀皮　　B. 拍皮　　C. 捏皮　　D. 敲皮

3. 水晶冠顶饺推边技法属于（　　）。

A. 单推　　B. 双推　　C. 混合推　　D. 扭推

4. 金鱼饺最佳成熟时间是（　　）分钟。

A.3　　B.6　　C.15　　D.20

二、判断题（正确的打“√”，错误的打“×”）

1. 制作澄粉面团时，水温应控制在60摄氏度左右。（　　）
2. 澄粉面团黏柔、缺乏筋力、柔软细腻，因此具有良好的可塑性。（　　）
3. 制作水晶冠顶饺时，面皮一定要擀圆，否则制品不美观。（　　）
4. 水晶冠顶饺由于边多，因此需要蒸制20分钟才能成熟。（　　）
5. 澄粉烫好后一定要趁热揉擦透，否则面团易夹生，成熟时易开裂。（　　）
6. 澄粉面团中揉入生粉的目的是使面团有劲。（　　）
7. 喷色法是将色液喷洒在面点的外皮上，面点内部则保持本色的一种方法。（　　）
8. 卧色法是将色素掺入粉料中，使白色面团变成所需颜色，再制成各种面点。（　　）
9. 藕粉圆子是江苏盐城的传统风味点心，至今已有200多年的历史。（　　）
10. 象形雪梨是天津传统风味点心。（　　）

项目八　西式面点制品

学　习　目　标

- **方法能力目标**

  了解西式面点的概念，掌握西式面点的分类。

- **专业能力目标**

  熟练掌握西式面点制品的制作方法和技术关键。

- **社会能力目标**

  将所学灵活运用于生活实践，推动西式面点制品及其制作方法的发展与创新。

项　目　导　读

西式面点简称西点。作为西方食品的代表，西点以外形美观、营养丰富、口味鲜美等特点吸引着越来越多的人。对更多元、更有品位的饮食文化的追求，使西点具有广泛的市场。

西点根据其工艺、面团性质及品质口感等不同，可分为清酥类制品、混酥类制品、蛋糕类制品、发酵类制品、甜品类制品、泡芙类制品、巧克力及艺术造型装饰类制品等。

任务一　饼干制品

实训案例一　黄油曲奇饼干

黄油曲奇饼干是西方人饮茶时食用的西式面点之一。黄油曲奇饼干造型小巧、香酥适口。

一、实训目标

（1）学会黄油曲奇饼干的制作方法。

（2）掌握基本原料的应用。

（3）掌握黄油曲奇饼干的成熟方法。

二、实训准备

原料	低筋面粉250克，鸡蛋50克，黄油200克，糖粉125克
工具	烤箱、裱花袋、裱花嘴、烤盘等

三、实训步骤

（1）将糖粉和黄油混合，打发至颜色变浅，然后分次加入鸡蛋打发，直至鸡蛋液完全打入黄油糊中，最后将面粉分次加入拌匀。

（2）将面糊装入带有裱花嘴的裱花袋中，直接挤注到烤盘上（可以挤任何形状）即成黄油曲奇饼干生坯。

（3）将黄油曲奇饼干生坯放入上火175摄氏度、下火165摄氏度的烤箱中烤约15分钟。

（4）出炉冷却后即可食用。

黄油曲奇饼干制作关键工艺流程如图8-1所示。

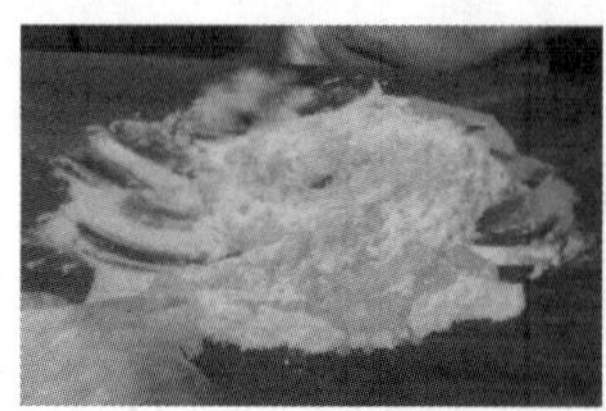

（1）糖、油乳化

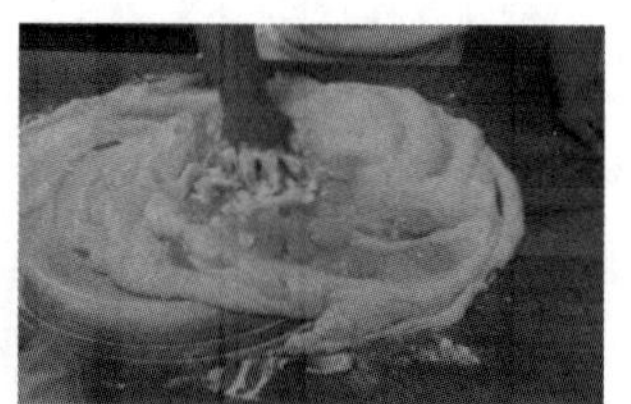

（2）加鸡蛋

图8-1　黄油曲奇饼干制作关键工艺流程

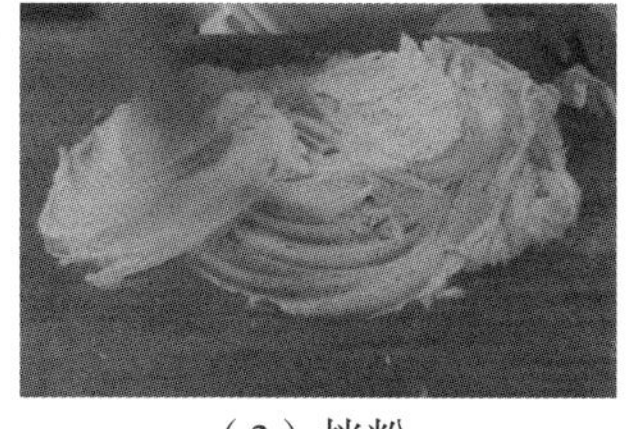
（3）拌粉

（4）成形

（5）成品（彩图51）

图8–1　黄油曲奇饼干制作关键工艺流程（续）

四、技术关键

（1）配料要准确。

（2）糖粉和黄油一定要打发。

（3）鸡蛋要分次加入。

（4）掌握好烘烤温度和时间。

五、成品特点

色泽金黄，大小均匀，香酥适口。

六、考核要点及评分标准

考核内容：黄油曲奇饼干		
考核时间：45分钟	制品规格：8克/个	
考核数量：10个	考核形式：个人操作	
考核要点	配分（分）	得分（分）
配料准确	30	
原料掺入顺序正确	25	
成形手法正确	20	
色泽均匀，香酥适口	25	
合计	100	

实训案例二　花生曲奇饼干

花生曲奇饼干是在原味（黄油）曲奇饼干的基础上，加入花生酱等改变了制品的口味和色泽，采用冷冻、切割的技法改进了制品的形态。

一、实训目标

（1）学会花生曲奇饼干的制作方法。

（2）掌握面团冷冻、切割的时机。

（3）掌握花生曲奇饼干的成熟方法。

二、实训准备

原料	低筋面粉250克，黄油160克，花生酱90克，花生碎30克，鸡蛋25克，糖粉125克
工具	烤箱、烤盘、冰箱等

三、实训步骤

（1）黄油软化后和糖粉混合，打发至颜色变浅，体积膨松，再分次加入鸡蛋拌匀，加入花生酱和花生碎拌匀，最后加入面粉轻轻拌匀。

（2）把面团搓成直径约2.5厘米的长条，然后放进冰箱冷冻约1小时，直到长条变硬后取出，切成厚度约0.6厘米的小圆片即成花生曲奇饼干生坯。

（3）把花生曲奇饼干生坯放入上火175摄氏度、下火165摄氏度的烤箱中烘烤约14分钟至成熟即可。

（4）出炉冷却后即可食用。

花生曲奇饼干制作关键工艺流程如图8–2所示。

（1）糖、油、蛋乳化

（2）加花生酱和花生碎

（3）拌粉

（4）成形1

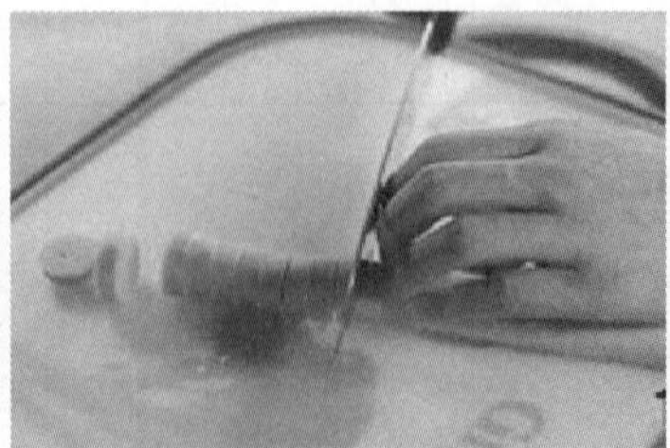
（5）成形2

（6）成品（彩图52）

图8–2　花生曲奇饼干制作关键工艺流程

四、技术关键

（1）黄油糊要打发。

（2）加粉时不宜上劲，拌匀即可。

（3）冷冻时间要恰当。

（4）切片不宜过厚，否则影响口感。

五、成品特点

花生味浓、香酥适口。

六、考核要点及评分标准

考核内容：花生曲奇饼干		
考核时间：90分钟	制品规格：8克/个	
考核数量：10个	考核形式：个人操作	
考核要点	配分（分）	得分（分）
配料准确	30	
原料掺入顺序正确	25	
成形手法正确	20	
色泽均匀，香酥适口	25	
合计	100	

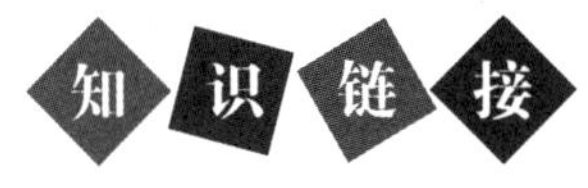

饼干的烘烤方法

（1）烘烤饼干的温度一般为上火180摄氏度、下火160摄氏度，烘烤时间为10～25分钟，根据制品及烤箱等的实际情况而略有调整。烘烤的温度与时间是影响制品质量的关键，饼干进烤箱5～8分钟时应观察制品着色程度，避免制品底部上色过重甚至焦煳。

（2）饼干烤到表面呈浅黄色时就可以出炉，而后烤盘的余热仍会继续加热，故饼干不必在炉内烤至十分熟，否则出炉后颜色就会过深。在烘烤巧克力饼干或其他有颜色的饼干时，无法由表面着色的情况来判断烘烤的程度，可根据烘烤的时间和触摸法判断是否可以出炉，如触摸到饼干表面较软并且在面糊表面留下指印，说明尚未达到出炉时间，需再烤1～2分钟。

（3）饼干出炉后边缘一圈颜色较深，这是因为烘烤时底火过重；出炉的饼干表面花纹颜色较深，而凹入部分颜色浅淡，形成不相称的颜色，这是由于烘烤时上火过重。

饼干烘烤的目的

（1）产生二氧化碳气体和水蒸气，使饼干具有膨松的结构。

（2）使淀粉糊化，淀粉糊化变为易于消化的状态。

（3）得到优质的色、香、味。

（4）使面团中的酵母及各种酶失去活性，保持饼干的品质。

（5）蒸发水分，使柔软的可塑性饼坯变成具有稳定形态和酥脆口感的制品。对于饼干来说，水分的蒸发还有一个重要意义，就是使制品成为便于保存和携带的方便食品。

实训案例三　玛格丽特饼干

玛格丽特饼干发源于意大利，它的制作不会用到繁多的工具，也不需要特殊的材料，味道却是香酥可口。

一、实训目标

（1）了解玛格丽特饼干的配方。

（2）掌握玛格丽特饼干的制作方法。

二、实训准备

原料	低筋面粉250克，粟米粉250克，熟蛋黄100克，糖粉150克，食盐2克，黄油250克
工具	烤箱、烤盘等

三、实训步骤

（1）将熟蛋黄放在筛网上，用手指按压，使蛋黄成为蛋黄细末。

（2）黄油软化后加入糖粉和食盐，打发至体积稍膨大、颜色变浅，加入过筛的蛋黄搅拌均匀，把低筋面粉和粟米粉一起筛入打发好的黄油里，揉成面团，揉好的面团装入保鲜袋放冰箱冷藏约1小时。

（3）将冷藏好的面团下剂，剂子约10克/个，搓成圆球，用大拇指摁一下，压扁圆球的一半即可。

（4）放入上、下火均170摄氏度的烤箱烘烤约15分钟，边缘微黄即可出炉。

（5）出炉冷却后即可食用。

玛格丽特饼干制作关键工艺流程如图8-3所示。

（1）加工蛋黄

（2）乳化黄油

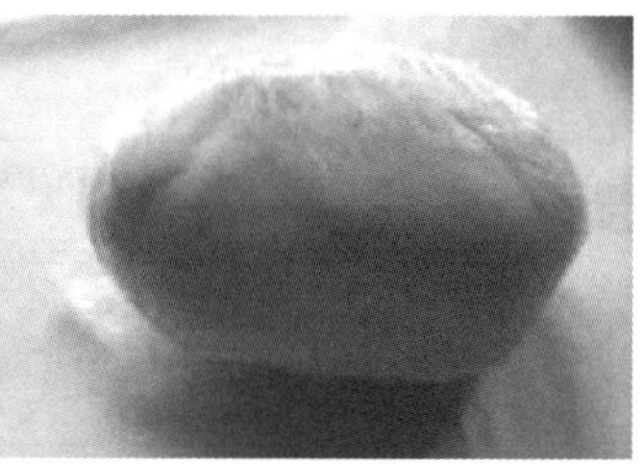

（3）成团

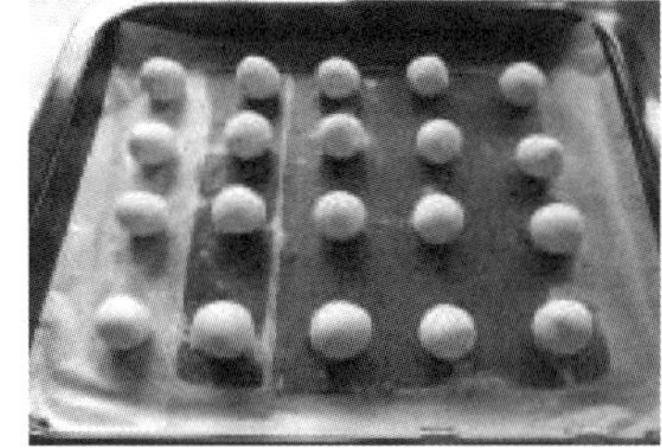

（4）分坯

（5）成形

（6）成品（彩图53）

图8-3　玛格丽特饼干制作关键工艺流程

四、技术关键

（1）蛋黄要碾碎，粉料要过筛。

（2）黄油要打发。

（3）冷冻时间要恰当。

（4）烘烤的温度和时间要恰当。

五、成品特点

香酥可口，大小均匀。

六、考核要点及评分标准

考核内容：玛格丽特饼干		
考核时间：90分钟	制品规格：10克/个	
考核数量：10个	考核形式：个人操作	
考核要点	配分（分）	得分（分）
配料准确	30	
原料掺入顺序正确	25	
成形手法正确	20	
色泽均匀，香酥可口	25	
合计	100	

实训案例四 蔓越莓饼干

蔓越莓饼干酥脆香甜，有黄油的香味。

一、实训目标

（1）学会蔓越莓饼干的制作方法。

（2）掌握面团冷冻、切割时机。

（3）掌握蔓越莓饼干的成熟方法。

二、实训准备

原料	低筋面粉250克，糖粉75克，黄油150克，蔓越莓干50克，鸡蛋30克
工具	烤箱、分刀、饼干模具、油纸、烤盘等

三、实训步骤

（1）将黄油软化后加入糖粉，打发至乳化变白，分次加入鸡蛋拌匀，再分次加入过筛的低筋面粉，最后加入蔓越莓干拌匀。

（2）用油纸或者保鲜膜将面团包住，放进U形饼干模具中定型，也可以手工整理

成长条形，然后放入冰箱冷冻60分钟左右，取出切成约0.4厘米厚的片，整齐地摆在烤盘上。

（3）放入上火170摄氏度、下火165摄氏度的烤箱中烘烤15分钟左右出炉。

（4）出炉冷却后即可食用。

蔓越莓饼干制作关键工艺流程如图8-4所示。

（1）油、糖、蛋乳化

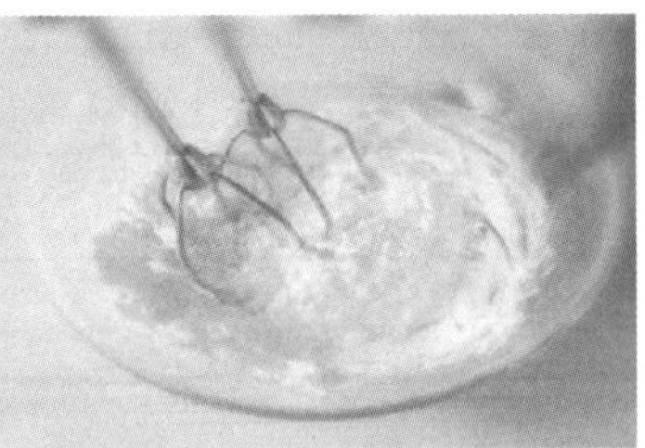

（2）拌粉

（3）加蔓越莓干

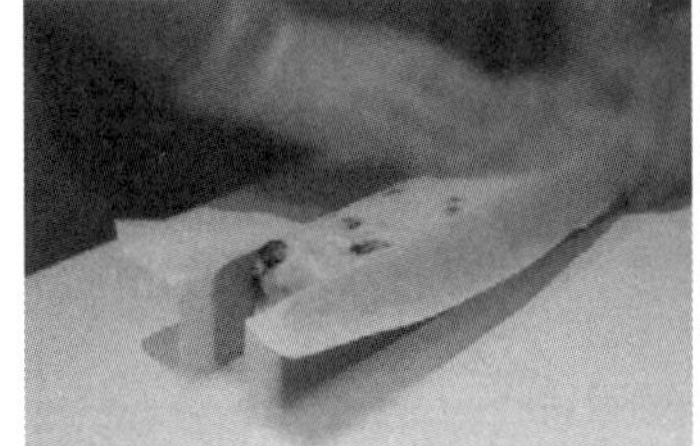

（4）装模成形

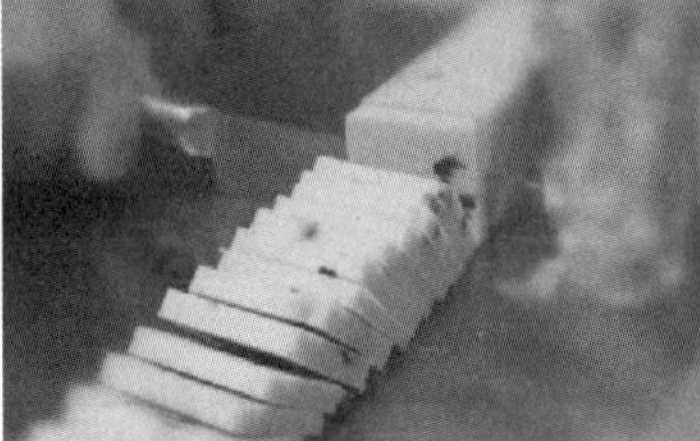

（5）切割成形

（6）成品（彩图54）

图8-4　蔓越莓饼干制作关键工艺流程

四、技术关键

（1）黄油不要软化过度。

（2）低筋面粉、蔓越莓干拌匀即可。

（3）冷冻时间要恰当。

五、成品特点

香酥适口，有蔓越莓香味。

六、考核要点及评分标准

考核内容：蔓越莓饼干	
考核时间：90分钟	制品规格：20克/个
考核数量：10个	考核形式：个人操作

续表

考核要点	配分（分）	得分（分）
配料准确	30	
原料掺入顺序正确	25	
成形手法正确	20	
色泽均匀，酥脆香甜	25	
合计	100	

饼干制作中的常见问题及解决办法

1. 变形严重

面团软、粉料少、面粉选用不恰当、烘烤时间短、烘烤时受到震动等会导致饼干变形。

解决办法：及时调整配方，适当地调整烘烤温度及烘烤时间。

2. 疏松性差

面粉选用不当、面团搅拌时间过长、膨松剂用量不足、面团太硬等会影响饼干的疏松性差。

解决办法：保证使用低筋面粉制作饼干，搅拌时不要使面糊上劲。相对而言，面糊越稀软饼干越疏松。

3. 制品颜色浅

烘烤温度过低、糖含量低、鸡蛋含量少等会导致饼干颜色浅。

解决办法：及时调整烘烤温度、用糖量及鸡蛋用量。

4. 表面颜色过重，内部发黏

烘烤温度过高、用糖量过多、配方不合理等会导致饼干颜色过重，内部发黏。

解决办法：及时降低烘烤温度，调整烘烤时间等。

5. 制品坍塌或不饱满

容器不洁净、用糖量不准确、加入糖的方法不正确、搅打的速度不够、烘烤温度过高、烘烤时间过短、打开炉门次数过多等会使饼干坍塌不饱满。

解决办法：及时调整原料用量、烘烤温度、烘烤时间，减少开炉门次数。

任务二　蛋糕制品

实训案例一　戚风蛋糕

戚风蛋糕是指在制作时把鸡蛋的蛋白和蛋黄分开打发，然后调制面糊，烘烤而成的蛋糕。戚风蛋糕组织膨松，水分含量高，味道清淡不腻，口感滋润嫩爽，是颇受欢迎的蛋糕之一。

一、实训目标

（1）学会戚风蛋糕的制作方法。

（2）掌握蛋白的打发方法。

（3）掌握戚风蛋糕的烘烤方法。

二、实训准备

原料	鸡蛋1000克，低筋面粉550克，白砂糖550克，泡打粉2克，清水50克，塔塔粉4克，牛奶香粉4克，吉士粉3克，食盐2克，色拉油100克
工具	烤箱、蛋糕模具等

三、实训步骤

（1）将清水、色拉油、食盐、一半白砂糖混在一起搅打至乳化，再加入过筛的泡打粉、牛奶香粉、吉士粉、低筋面粉拌匀，最后分次拌入打发的蛋黄，即成蛋黄糊。

（2）将蛋清、塔塔粉、剩余白砂糖倒入打蛋机中，先用低速搅拌均匀，再用高速抽打至湿性发泡，将1/3蛋白与蛋黄糊拌匀，倒入剩余的蛋白搅拌均匀，即成戚风蛋糕糊。

（3）将戚风蛋糕糊装入蛋糕模具中，八分满为宜。

（4）放入上火170摄氏度、下火165摄氏度的烤箱中烘烤约40分钟出炉。

（5）稍冷却后脱模即可。

戚风蛋糕制作关键工艺流程如图8-5所示。

（1）制作蛋黄糊

（2）抽打蛋白

（3）部分混合

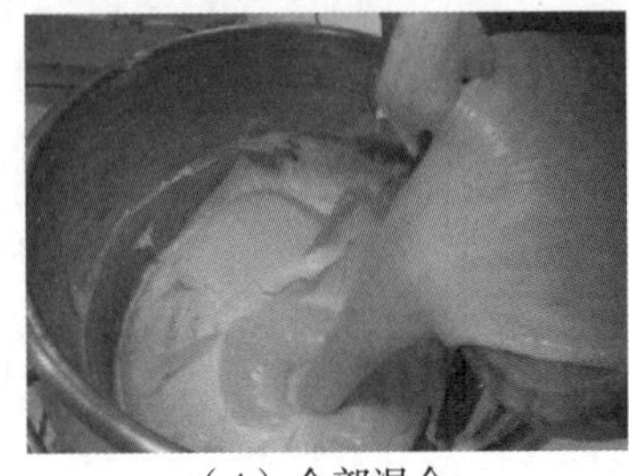
（4）全部混合

（5）装模

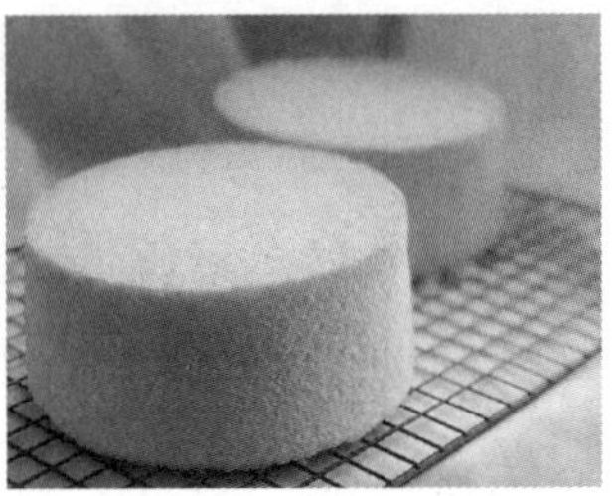
（6）成品（彩图55）

图8–5　戚风蛋糕制作关键工艺流程

四、技术关键

（1）放料要准确。
（2）蛋白要打到湿性发泡。
（3）蛋黄糊中不要夹杂生粉颗粒。
（4）掌握好烘烤温度及烘烤时间。

五、成品特点

呈浅黄色，暄软香甜。

六、考核要点及评分标准

考核内容：戚风蛋糕		
考核时间：70分钟	制品规格：350克/个	
考核数量：1个/人	考核形式：小组操作	
考核要点	配分（分）	得分（分）
面糊稠度适宜	20	
烘烤火候、时间恰当	30	

续表

考核要点	配分（分）	得分（分）
制品暄软香甜	25	
操作手法正确，干净利落	25	
合计	100	

实训案例二　重油蛋糕

重油蛋糕的甜度比一般蛋糕的甜度要高很多，质地也比一般蛋糕的质地要密很多，比较适合喜欢高甜口感的顾客。

一、实训目标

（1）学会重油蛋糕的制作方法。

（2）掌握蛋糊的打发程度。

（3）掌握重油蛋糕的烘烤方法。

二、实训准备

原料	鸡蛋1000克，白砂糖1000克，低筋面粉1000克，液体酥油1000克，泡打粉10克，食盐5克，奶粉100克
工具	烤箱、蛋糕模具等

三、实训步骤

（1）将鸡蛋、白砂糖、食盐混合在一起，快速打发，分次加入过筛的低筋面粉、泡打粉、奶粉，快速搅匀，分次加入液体酥油，用低速搅匀。

（2）将蛋糕糊装入模具中，八分满为宜，轻轻震动烤盘使蛋糕糊中多余的气泡排出。

（3）将蛋糕糊放入上火200摄氏度、下火200摄氏度的烤箱中烘烤大约10分钟，然后改用上火180摄氏度、下火200摄氏度烘烤约25分钟，用牙签插入蛋糕内部，无粘连现象即成熟。

（4）出炉后立即脱模、冷却。

重油蛋糕制作关键工艺流程如图8–6所示。

（1）糖、蛋打发

（2）分次加粉

（3）加入液体酥油

（4）全部混合

（5）装模

（6）成品（彩图56）

图8–6　重油蛋糕制作关键工艺流程

四、技术关键

（1）鸡蛋的温度要合适。

（2）酥油要完全打入蛋糊内。

（3）搅打面粉时不宜上劲。

（4）掌握好烘烤的时间和温度。

五、成品特点

松软香甜。

六、考核要点及评分标准

<table>
<tr><td colspan="3">考核内容：重油蛋糕</td></tr>
<tr><td>考核时间：60分钟</td><td colspan="2">制品规格：450克/个</td></tr>
<tr><td>考核数量：1个/人</td><td colspan="2">考核形式：小组操作</td></tr>
<tr><td>考核要点</td><td>配分（分）</td><td>得分（分）</td></tr>
<tr><td>配料准确</td><td>20</td><td></td></tr>
<tr><td>面糊稠度适当</td><td>25</td><td></td></tr>
<tr><td>炉温掌握准确</td><td>30</td><td></td></tr>
<tr><td>松软甜香</td><td>25</td><td></td></tr>
<tr><td>合计</td><td>100</td><td></td></tr>
</table>

打发

打发是蛋糕加工工艺过程中的一个重要环节，其主要目的是通过高速搅打鸡蛋和糖或油脂和糖将空气卷入其中，形成泡沫，为蛋糕多孔状结构奠定基础。

打发工艺同原料的特性有很大关系。制作蛋糕，应用低筋面粉，如果无低筋面粉，可用适量的玉米淀粉代替部分面粉。鸡蛋要新鲜，因为鲜鸡蛋蛋白的黏性较大，形成的泡沫稳定性好。油脂要选用可塑性、融合性好的油脂，以提高拌和能力。其他微量原料如赋香剂、色素需要在搅打时加入，以便混合均匀。例如，清蛋糕和重油蛋糕分别利用的是鸡蛋白的打发性和油脂的融合性，而鸡蛋和油脂的加工性能有比较大的差异，因此两者的打发操作也不相同。

蛋糕的烘烤

烘烤是完成蛋糕制品最后的加工步骤，是决定制品质量的重要一环。蛋糕的烘烤条件主要是烘烤温度和时间，加工工艺同原料种类、制品大小和薄厚有关。一般重油蛋糕的烘烤温度为180～200摄氏度，烘烤时间10～35分钟。在相同的条件下，重油蛋糕比清蛋糕的烘烤温度低、时间长一些。重油蛋糕的油脂含量大，配料中干性原料多，含水量较少，如果烘烤温度高、时间短，就会发生内部未熟、外部烤煳的现象。而清蛋糕的油脂含量少，组织松软，易于成熟，烘烤时要求温度高一些，时间短一些。长方形大蛋糕的烘烤温度要低于小圆形蛋糕和花边形蛋糕，时间要稍长一些。蛋糕在烘焙过程中一般经历以下4个阶段。

（1）胀发：制品内部的气体受热膨胀，体积增大。

（2）定型：蛋糕糊中的蛋白质凝固，制品定型。

（3）上色：制品表面温度较高，发生焦糖化和美拉德反应，表皮色泽逐渐加深。

（4）熟化：随着热量的进一步渗透，蛋糕内部温度继续升高，原料中的淀粉糊化而使制品成熟，制品内部烘烤至最佳程度，既不黏湿也不发干，且表皮色泽和硬度适当。

实训案例三 虎皮蛋糕卷

虎皮蛋糕卷是戚风蛋糕的一种，以形态、色泽似虎皮而闻名。蛋糕体夹着甜甜的果酱或奶油，吃口绵软香甜。

一、实训目标

（1）学会“虎皮”的烘烤方法。

（2）掌握虎皮蛋糕卷的成形方法。

二、实训准备

原料	戚风蛋糕坯1份，鲜奶油适量，蛋黄550克，白砂糖130克，玉米淀粉50克，食盐6克，色拉油20克
工具	烤箱、烤盘等

三、实训步骤

（1）将蛋黄、白砂糖、食盐放在一起，先低速搅拌均匀，再高速打发至原体积的3倍，放入玉米淀粉轻轻拌匀，加入色拉油拌匀，然后将面糊倒入准备好的烤盘中，抹平，放入上火230摄氏度、下火100摄氏度的烤箱中烘烤约5分钟出炉，即成“虎皮”。

（2）将戚风蛋糕坯中间抹上鲜奶油，卷筒，静置约15分钟，再将“虎皮”同样抹上鲜奶油，包住卷好的蛋糕坯，静置约20分钟，切成大小均匀的蛋糕卷即成虎皮蛋糕卷。

虎皮蛋糕卷制作关键工艺流程如图8–7所示。

（1）蛋黄打发　（2）加粉、加油　（3）装模

（4）“虎皮”成品　（5）蛋卷成形　（6）成品（彩图57）

图8–7 虎皮蛋糕卷制作关键工艺流程

四、技术关键

（1）蛋黄糊一定要打发。

（2）掌握好烘烤“虎皮”的温度。

（3）卷筒要紧，否则不易成形。

五、成品特点

外部似虎皮，内部细腻柔软，绵软香甜。

六、考核要点及评分标准

考核内容：虎皮蛋糕卷		
考核时间：80分钟	制品规格：400克/卷	
考核数量：1卷/人	考核形式：小组操作	
考核要点	配分（分）	得分（分）
配料准确	25	
外部似虎皮，内部绵软香甜	20	
蛋糕卷筒方法正确	25	
烘烤火候、时间准确	30	
合计	100	

实训案例四　轻乳酪蛋糕

轻乳酪蛋糕主要是在蛋糕配方中加入了奶酪，通过水浴法进行烘烤，制品细腻、柔软、香甜。

一、实训目标

（1）了解奶油奶酪的特点。

（2）掌握轻乳酪蛋糕的制作方法。

（3）掌握轻乳酪蛋糕的烘烤方法。

二、实训准备

原料	奶油奶酪525克，黄油100克，低筋面粉150克，玉米淀粉适量，白砂糖165克，牛奶200克，蛋黄150克，蛋白500克，塔塔粉5克
工具	烤箱、烤盘、模具等

三、实训步骤

（1）将奶油奶酪放碗中，加入牛奶、黄油，隔水加热2～3分钟直至熔化，加入蛋黄拌匀，筛入低筋面粉和玉米淀粉拌匀，过筛后即成乳酪面糊。

（2）将蛋白加入塔塔粉、白砂糖，打至湿性发泡，然后分三次拌入乳酪面糊中，切拌均匀后倒入模具内，八分满即可。

（3）烤盘内倒入水，放在烤箱中层，将装有乳酪面糊的模具放在装有水的烤盘里，用上火150摄氏度、下火130摄氏度烘烤50～60分钟，出炉后约3分钟脱模，晾凉即可。

轻乳酪蛋糕制作关键工艺流程如图8–8所示。

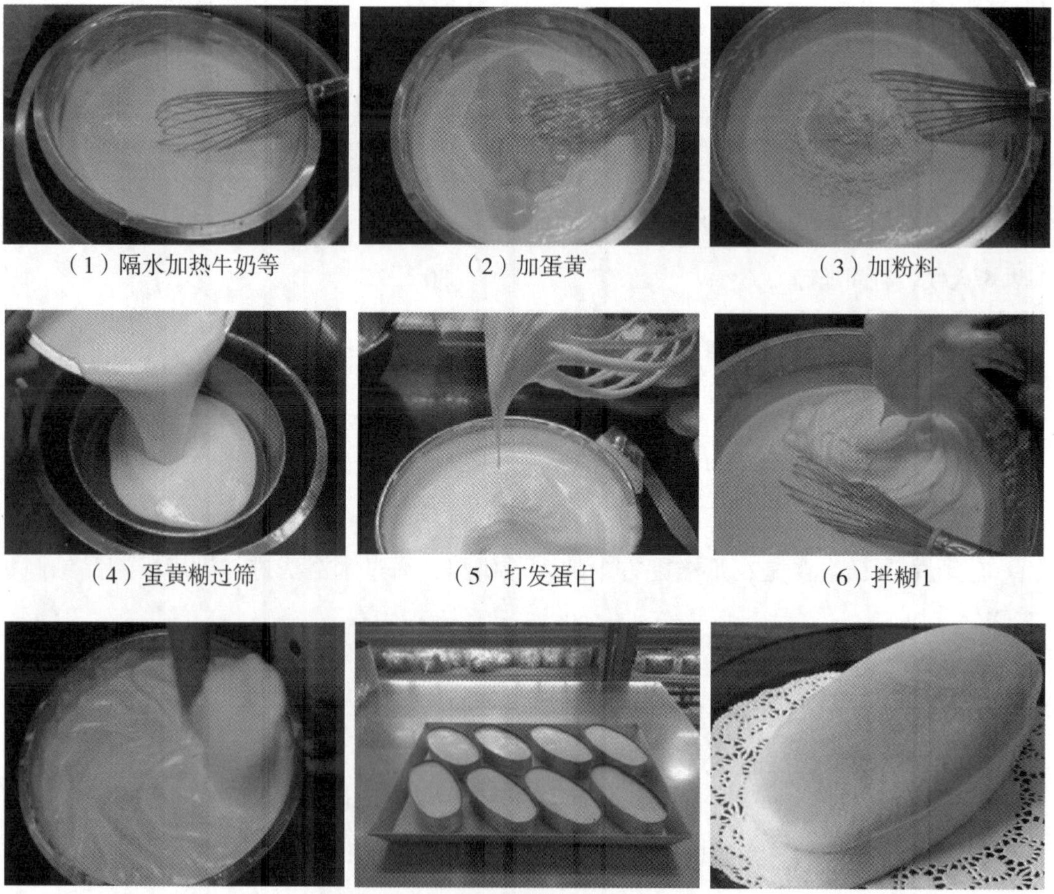

（1）隔水加热牛奶等　（2）加蛋黄　（3）加粉料

（4）蛋黄糊过筛　（5）打发蛋白　（6）拌糊1

（7）拌糊2　（8）装模　（9）成品（彩图58）

图8–8　轻乳酪蛋糕制作关键工艺流程

四、技术关键

（1）奶油奶酪、黄油一定要软化。

（2）面糊加粉后一定要过筛。

（3）一定要采用水浴法烘烤。

（4）炉温一定不能过高。

五、成品特点

口感细腻柔软，有淡淡的奶酪香味。

六、考核要点及评分标准

考核内容：轻乳酪蛋糕		
考核时间：90分钟	制品规格：350克/个	
考核数量：1个/人	考核形式：小组操作	
考核要点	配分（分）	得分（分）
操作方法正确	25	
蛋糊细腻无颗粒	20	
口感绵软，入口即化	25	
烘烤方法正确	30	
合计	100	

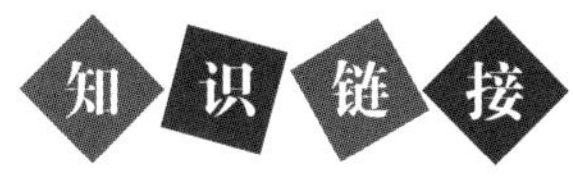

蛋糕制作中的常见问题及解决办法

1. 制品颜色过深

配方中糖量过多，水分少，膨松剂过量，烤箱上火温度过高，烘烤时间过长等，会导致制品颜色过深。

解决办法：根据实际情况调整用糖量、用水量等，以达到理想效果。

2. 体积膨胀不理想

蛋液搅拌时间不当，膨松剂用量不足，加面粉后搅拌时间过长，油脂的可塑性差、融合性不佳，烘烤温度不恰当，装模时蛋糊不够满，面粉比例过大或筋力过强，蛋液温度过低等，会导致蛋糕体积膨胀不理想。

解决办法：要采用翻拌的方法拌匀面糊，拌的时间不能过长；根据蛋糕种类选择油脂、膨松剂用量、烘烤温度和时间；面糊装模以八分满为宜，少则膨胀不足，多则膨胀过度；面粉要选择低筋面粉或者专用蛋糕粉，根据配方准确掌握面粉的用量；鸡蛋温度在22~25摄氏度最为理想。

3. 表皮太厚

糖分过多或水分不足，炉温太低及烘烤时间过长是使蛋糕表皮过厚的主要原因。

解决办法：调整配方中的糖量和水量（液体原料），调高烘烤温度同时缩短烘烤时间，保证成熟质量，减少水分流失。

4. 制品坍塌或不饱满

配方中面粉比例小，膨松剂用量过多，烘烤温度太低，烘烤中受到震动，面糊中糖、油过多，面粉筋力太低等，会导致制品坍塌不饱满。

解决办法：及时调整原料用量；在蛋糕糊没有定型之前要轻拿轻放，并且烘烤时间未过半时不要打开烤箱。

5. 表面有斑点

原料搅拌不均匀，粉料没有过筛，糖没有完全溶化等，会导致制品表面有斑点。

解决办法：粉料一定要提前过筛，要选择容易溶化的白砂糖或者绵白糖，面糊要搅拌均匀。

6. 内部组织粗糙，质地不均匀

搅拌方法不当，部分原料搅拌不均匀，糖、油、面比例不当，糖颗粒太粗，膨松剂用量过多，烘烤温度低，面粉筋力过高等，会导致蛋糕内部组织粗糙，质地不均匀。

解决办法：要采用翻拌的方法将面糊拌匀，并且要根据出现的问题调整原料比例。

任务三　面包制品

实训案例一　甜圆面包

面包是西式面点中的一大类，其以高筋面粉为主要原料，利用酵母的发酵作用膨松，经烘烤形成松软、有弹性、色泽棕黄、香气四溢的制品。

一、实训目标

（1）了解甜圆面包的配料。

（2）掌握甜圆面包的制作方法。

（3）学会检验面团的醒发。

二、实训准备

原料	面包粉1000克，水470克，酵母13克，黄油80克，白砂糖200克，奶粉40克，食盐15克，鸡蛋60克，改良剂8克等
工具	烤箱、醒发箱、烤盘、油刷等

三、实训步骤

（1）将面包粉、白砂糖、改良剂、酵母、奶粉放入在一起搅匀，加入鸡蛋、水，用低速搅拌3分钟后改用快速搅拌4分钟，然后加入食盐和黄油，用低速搅拌3分钟后调至快速搅拌3分钟，至面筋网络形成后取出。

（2）将打好的面团揉圆后，用保鲜膜盖好，放入醒发箱（温度35摄氏度，湿度75%）中醒发约50分钟。

（3）将面团取出，分成60克/个的剂子，揉光揉圆后摆在烤盘上，室温（25摄氏度左右）下松弛约30分钟。

（4）将松弛好的面团再次揉圆（也可以包入馅料），然后摆入烤盘，放入温度35摄氏度、湿度75%的醒发箱中再次醒发约50分钟。

（5）将醒发好的面团表面刷上蛋液（也可以撒上适量芝麻），放入上火210摄氏度、下火190摄氏度的烤箱中烘烤约12分钟即可。

甜圆面包制作关键工艺流程如图8-9所示。

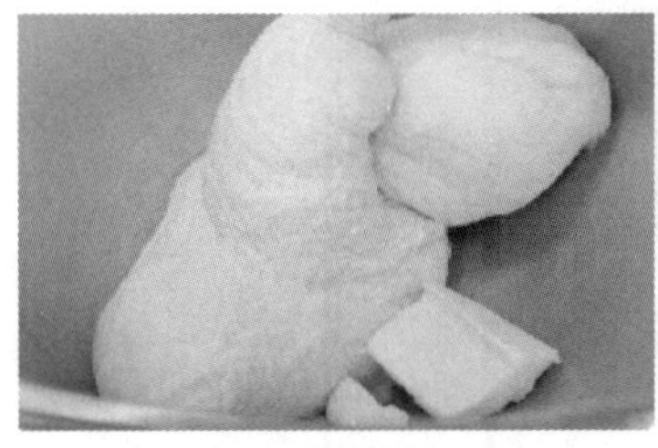
（1）面团搅打

（2）面团检验

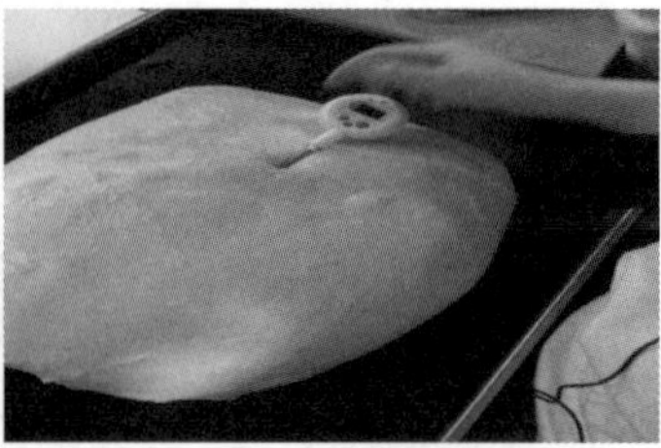
（3）面团测温

（4）面团分割

（5）刷蛋液

（6）成品（彩图59）

图8-9　甜圆面包制作关键工艺流程

四、技术关键

（1）配料比例要恰当。

（2）掌握好打面的方法及程度。

（3）掌握好烘烤方法及时间。

（4）掌握好醒发的每一个环节。

五、成品特点

大小均匀，暄软可口，表面棕黄，内部孔洞均匀。

六、考核要点及评分标准

考核内容：甜圆面包		
考核时间：150分钟	制品规格：60克/个	
考核数量：4个/人	考核形式：个人操作	
考核要点	配分（分）	得分（分）
面团的搅打方法要正确	30	

续表

考核要点	配分（分）	得分（分）
面团醒发程度符合要求	25	
操作手法娴熟，干净利落	20	
烘烤方法、时间准确	25	
合计	100	

实训案例二 甜甜圈

甜甜圈是面包的一种，其选料、制作与甜圆面包相似，经过和面、成形、醒发、成熟等工艺，最大的不同是其成熟方法是炸制成熟。

一、实训目标

（1）学会甜甜圈的成形方法。

（2）掌握成熟时的油温。

二、实训准备

原料	面包粉1000克，白砂糖100克，黄油60克，鸡蛋120克，干酵母12克，食盐10克，水500克等
工具	醒发箱、冰箱、擀面杖、油锅等

三、实训步骤

（1）将除了食盐和黄油以外的所有原料先用慢速搅拌3分钟后改用快速搅拌6分钟，然后加入食盐和黄油，用慢速搅拌3分钟后调至快速搅拌3分钟，至面筋网络形成后取出。

（2）将打好的面团按照需求分割成剂子，揉圆，放入醒发箱（温度30摄氏度，湿度75%）中醒发约20分钟，然后转入冰箱冷藏约50分钟。

（3）将面团从冰箱中取出，用开酥机（或擀面杖）擀成约1厘米厚的片，用模具压出甜甜圈生坯，再放入醒发箱（温度35摄氏度，湿度75%）中醒发约30分钟，转入冰箱冷冻，稍硬后取出炸制。

（4）将甜甜圈生坯放入约170摄氏度的油锅中炸至两面金黄即可，出锅后亦可撒上白砂糖装饰或者晾凉后蘸上熔化的巧克力。

甜甜圈制作关键工艺流程如图8-10所示。

（1）成形

（2）醒发

（3）炸制

（4）成品（彩图60）

图8-10　甜甜圈制作关键工艺流程

四、技术关键

（1）面团醒发不要过度。

（2）注意擀片的厚度。

（3）掌握好油温及生坯下锅的数量。

（4）沥油后再撒白砂糖，晾凉后再蘸巧克力。

五、成品特点

色泽金黄，形圆，暄软，香甜。

六、考核要点及评分标准

考核内容：甜甜圈		
考核时间：120分钟	制品规格：40克/个	
考核数量：4个/人	考核形式：个人操作	
面团的搅打方法要正确	25	
面团醒发程度符合要求	25	
操作手法娴熟，干净利落	20	
油炸方法、时间准确	30	
合计	100	

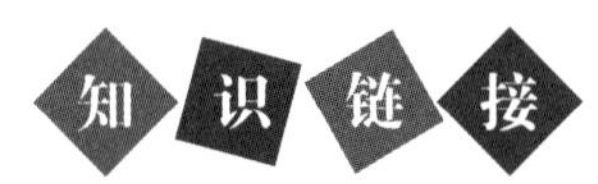

面团调制时温度的控制

面团调制完成后的温度对后面发酵工序及其他工序有很大影响，在大规模生产时，温度要求更加严格。例如中种面团的调制，要求面团调制完成后的温度在24.5摄氏度，误差为±0.5摄氏度。在没有自动温控和面机的情况下，面团的温度主要靠加水来调节，因为水在所有材料中不仅热容量大，而且容易加温和冷却。水的温度不仅与面团调制的温度有关，而且与和面机的构造、速度（一般情况下，低速搅拌能使面团温度升高3～5摄氏度，快速搅拌能使面团温度升高7～15摄氏度，高速搅拌能使面团温度升高10～15摄氏度，手工搅拌能使面团温度升高2～3摄氏度）、室温、材料配合、粉质、面团的硬软、重量有关。利用公式调节水温只是参考，并不一定适用于所有情况，在和面时通过经验控制面团温度还是比较普遍的方法。

调粉操作与面包品质的关系

1. 搅拌不足

面团搅拌不足，则面筋无法充分扩展，面团不具备良好的伸展性和弹性，这样既不能较好地保存发酵中所产生的二氧化碳气体，又没有良好的胀发性能，生产出来的面包体积小，内部组织粗糙，色泽差。搅拌不足的面团因性质偏硬，也较难整形。

2.搅拌过度

搅拌过度会形成过于黏湿的面团，在整形操作时也较为困难，面团滚圆后无法挺立，而向四周流散。用这种面团烤出的面包同样会因无法保存空气而体积小，内部组织粗糙且多颗粒，品质极差。

实训案例三 全麦吐司

吐司，是英文toast的音译，粤语叫多士，实际上就是用长方形带盖或不带盖的吐司模具定型后烘烤成的面包。用带盖的模具烤出的面包经切片后呈正方形，夹入火腿或蔬菜后即为三明治。用不带盖的模具烤出的面包为长方圆顶形。

一、实训目标

（1）了解吐司面包的特点。

（2）掌握吐司面包的制作方法。

（3）掌握吐司面包的醒发与烘烤。

二、实训准备

原料	面包粉800克，全麦粉200克，白砂糖120克，鲜酵母20克，黄油80克，水560克，食盐20克
工具	醒发箱、烤箱、吐司模具、擀面杖、烤盘等

三、实训步骤

（1）将除黄油以外的所有原料低速搅拌3分钟，再快速搅拌6分钟，加入黄油，用低速搅拌4分钟，再快速搅拌2分钟，至面筋网络形成后取出。

（2）将面团放入醒发箱（温度35摄氏度，湿度75%）醒发约60分钟。

（3）分成4个小面团，450克/个（或12个小面团，150克/个）。

（4）将分好的面团排气，预整形，即整理成圆形，室温（约25摄氏度）松弛约30分钟。

（5）用擀面杖将松弛好的面团擀成长片，再以挤和卷的方法自上而下卷成长卷，接口朝下放入吐司模具。

（6）将面团放进醒发箱（温度35摄氏度，相对湿度80%）醒发至模具体积八分满时取出，加盖后进行烘烤。

（7）上、下火均为240摄氏度，烘烤约25分钟即可。

全麦吐司制作关键工艺流程如图8–11所示。

（1）面团

（2）面团分割

（3）成形

（4）装模

（5）醒发

（6）成品（彩图61）

图8–11　全麦吐司制作关键工艺流程

四、技术关键

（1）预整形时揉搓（或卷）的不宜过紧。

（2）片不宜擀得过宽。

（3）装模时接口要朝下。

（4）醒发至八分满即可。

（5）出炉后要立即出模。

五、成品特点

暄软香甜。

六、考核要点及评分标准

考核内容：全麦吐司		
考核时间：210分钟	制品规格：450克/个	
考核数量：1个/人	考核形式：小组操作	
考核要点	配分（分）	得分（分）
配料比例正确	25	
面团醒发程度符合要求	25	
操作手法娴熟，干净利落	20	
烘烤方法、时间准确	30	
合计	100	

实训案例四 牛角包

牛角包是一款起酥类面包，由面团和酥油两部分组成，形似牛角、酥松适口。

一、实训目标

（1）学会起酥面包面团的调制方法。

（2）掌握包油方法。

（3）掌握“牛角”的成形与烘烤。

二、实训准备

原料	面包粉1000克，白砂糖120克，酵母20克，酵种200克，黄油100克，水430克，食盐18克，鸡蛋50克，片状黄油600克
工具	烤箱、开酥机（擀面杖）、冰箱、醒发箱、烤盘、面刀等

三、实训步骤

（1）将除了片状黄油以外的所有原料慢速搅拌5分钟，再快速搅拌15分钟至面筋网络形成，取出整理成形。

（2）根据需要将面团进行分割（900克/个），放在室温（约25摄氏度）下松弛约10分钟，然后擀成长片（皮面）放入冰箱冷冻约10小时，用时提前室温解冻，也可以放入冰箱冷藏约60分钟后直接使用。

（3）将片状黄油整理成皮面的一半大小，包入面皮中，擀开后采用四折法折一次，擀开后采用三折法再折一次。如果面团有劲，可稍松弛或冷冻一段时间后再开酥，即重复折叠、擀制。

（4）将折叠、擀制完毕的面团密封后，冷冻约10小时，使用前放入冰箱冷藏室解冻或室温解冻。

（5）将解冻面团擀成宽约30厘米、厚约0.4厘米的长方片，用刀切成（高约30厘米、底边约10厘米）等腰三角形，搓卷成牛角状，即成牛角包生坯。

（6）将牛角包生坯放入温度30摄氏度、湿度为80%的醒发箱中，醒发约80分钟，取出刷蛋液，准备烘烤。

（7）放入上火210摄氏度、下火190摄氏度的烤箱中烘烤约12分钟至表面金黄出炉。

说明：酵种是用面粉1000克、水1000克、酵母13克调成的面团，隔夜冷藏发酵后使用，一般保质期7天。

牛角包制作关键工艺流程如图8-12所示。

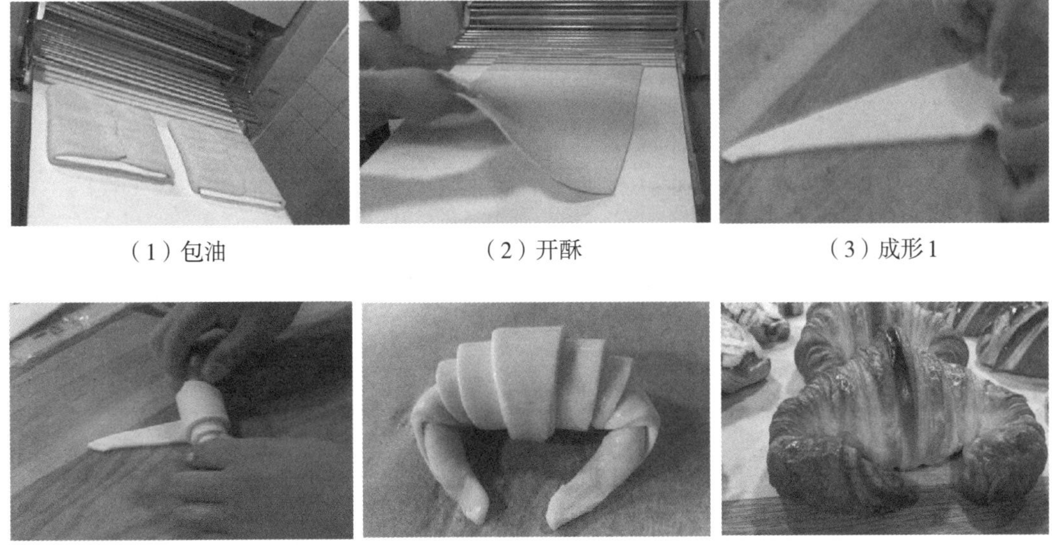

（1）包油　（2）开酥　（3）成形1

（4）成形2　（5）生坯　（6）成品（彩图62）

图8-12　牛角包制作关键工艺流程

四、技术关键

（1）使用低温水调制面团。

（2）水、面、油温度要接近。

（3）面团要松弛到位。

（4）醒发时温度要低，时间要稍长。

（5）皮面和片状黄油硬度要一致。
（6）掌握好切割的形状和尺寸。

五、成品特点

色泽金黄，酥松适口，形似牛角。

六、考核要点及评分标准

<table>
<tr><td colspan="3">考核内容：牛角包</td></tr>
<tr><td>考核时间：
面团调制、成形40分钟
制品成形、成熟120分钟</td><td colspan="2">制品规格：100克/个</td></tr>
<tr><td>考核数量：5个/人</td><td colspan="2">考核形式：小组操作</td></tr>
<tr><td>考核要点</td><td>配分（分）</td><td>得分（分）</td></tr>
<tr><td>面团与油脂硬度一致</td><td>30</td><td></td></tr>
<tr><td>叠层方法正确</td><td>25</td><td></td></tr>
<tr><td>成形手法熟练</td><td>20</td><td></td></tr>
<tr><td>烘烤方法、时间准确</td><td>25</td><td></td></tr>
<tr><td>合计</td><td>100</td><td></td></tr>
</table>

面包生产的常用发酵方法

1. 一次发酵法

一次发酵法又称直接发酵法，就是发酵过程只有一次搅拌和一次发酵。这种方法最为普遍，无论是较大规模的工厂还是小型面包作坊，都常采用一次发酵法生产面包。

一次发酵法生产周期为5～6小时，发酵时间较二次发酵法短，缩短了生产时间，提高了劳动效率，减少了对机械设备、劳动力和车间面积的占用，且制品具有良好的发酵风味。但由于发酵时间短，面包体积比二次发酵法生产的面包体积要小，并且容易老化，一旦搅拌和发酵出现失误，没有纠正的机会。

2. 二次发酵法

二次发酵法又称中种发酵法或间接发酵法，即发酵过程有两次搅拌、两次发酵。第一次搅拌的面团称为中种面团或种子面团，中种面团的发酵即第一次发酵，又称基础发酵；第二次搅拌的面团称为主面团，主面团的发酵即第二次发酵，又称延续发酵。

采用二次发酵法，酵母有充足的时间进行繁殖，所以配方中的酵母用量较一次发酵法节省20%左右。用二次发酵法生产的面包，一般较一次发酵法生产的面包要大，而且面包内部结构与组织更细密柔软、发酵风味更浓、香味更足、发酵耐力更好、后劲更大、面包更不易老化且储存保鲜期更长。

面包烘烤的三个阶段

1. 烘烤初期阶段

在烘烤初期阶段，对于100～150克的面包，在面包坯入炉后的5～6分钟，面包坯体积由于烘烤而快速膨胀。此阶段下火温度高于上火温度，有利于面包坯膨胀。

2. 烘烤中间阶段

此时面包坯内部温度达到60～82摄氏度，酵母活动停止，面筋已膨胀至弹性极限，受热变性凝固，淀粉糊化填充在已凝固的面筋网络组织内，基本上已形成面包成品的体积。此阶段提高温度有利于面包坯定型。

3. 烘烤最后阶段

这个阶段主要是面包表皮着色和增加香气。此时的面包已经定型并基本成熟，由于褐变反应，面包表皮颜色逐渐加深，最后呈金黄、棕黄等颜色。此阶段上火温度应高于下火温度，这样既有助于面包上色，又可避免因下火温度过高造成面包底部焦煳。

任务四　其他制品

实训案例一　焦糖布丁

布丁的种类很多，按食用温度分，有热补丁和冻布丁；按成熟方法分，有蒸制布丁、烤制布丁、蒸烤布丁；按口味分，有鲜奶布丁、巧克力布丁、草莓布丁等；按颜色分，有双色布丁、三色布丁等；此外还可按形状、制作工具、添加的辅料等来分。

一、实训目标

（1）了解布丁的制作方法。

（2）掌握熬制糖浆的方法。

（3）掌握布丁的烘烤方法。

二、实训准备

原料	牛奶300克，稀奶油300克，白砂糖80克，蛋黄适量，清水150克
工具	烤箱、烤盘、熬糖锅、布丁杯等

三、实训步骤

（1）在锅中加入50克白砂糖、50克清水，用小火熬成琥珀色，然后立即向锅内加入100克清水（此时糖浆会飞溅），待糖浆表面平静之后倒入布丁杯内备用。

（2）将蛋黄与30克白砂糖混合打发成蛋黄糊，将牛奶和稀奶油混合后煮到70摄氏度左右，倒入蛋黄糊中迅速搅匀，过筛后即成布丁液。

（3）将布丁液倒入装有糖浆的布丁杯里，用锡纸将杯口封好。

（4）放入上火150摄氏度、下火160摄氏度的烤箱内，采用水浴法烘烤约45分钟，取出晾凉后翻扣到盘子里即可。

焦糖布丁制作关键工艺流程如图8-13所示。

（1）熬糖浆

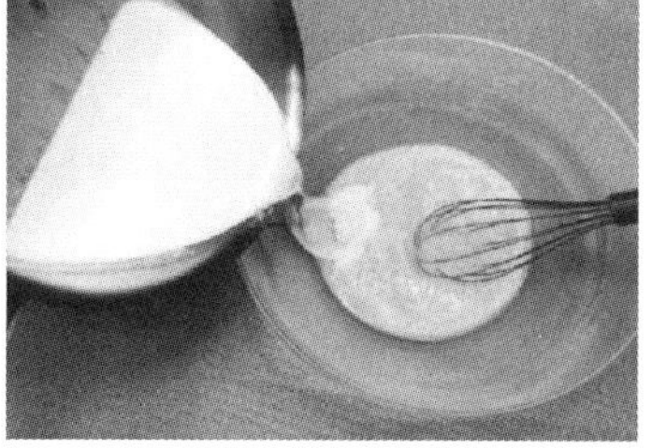
（2）调布丁液

（3）灌模

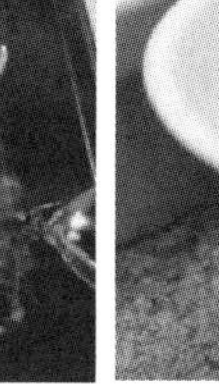
（4）成熟

（5）成品

（6）装盘（彩图63）

图8-13　焦糖布丁制作关键工艺流程

四、技术关键

（1）白砂糖不要熬煳。

（2）倒入蛋黄糊中的牛奶和稀奶油混合液温度不宜过高。

（3）布丁液要过筛后装模。

（4）要用水浴法烘烤。

五、成品特点

润滑细腻，有焦糖味。

六、考核要点及评分标准

考核内容：焦糖布丁		
考核时间：90分钟	制品规格：50克/杯	
考核数量：4杯/人	考核形式：小组操作	
考核要点	配分（分）	得分（分）
焦糖熬制要符合要求	25	
制品要润滑细腻，有焦糖味	25	
操作手法熟练	20	
烘烤方法、时间准确	30	
合计	100	

布丁的成熟方法

1.蒸

为了防止水蒸气进入制品，蒸制前可以在模具表面铺一层油纸，然后用小火蒸制30~40分钟，取出冷却后脱模。

蒸制过程中尽量不要打开蒸箱（蒸锅），以免制品未熟、未定型而塌陷、回缩。蒸制火候太小、时间过短，可能造成布丁着色不佳、有夹生；蒸制火候太大、时间过长，可能造成布丁膨松程度和润滑程度达不到要求，制品表面颜色较深，甚至蒸煳，内部夹生等。

2.烤

烤箱预热，上火约150摄氏度，下火约160摄氏度，将布丁生坯烘烤约45分钟即成熟，取出冷却后脱模。

烘烤过程中尽量不要打开烤箱门，以免制品未熟、未定型而塌陷、回缩。烘烤温度过低、时间过短，可能造成布丁着色不佳、有夹生；烘烤温度过高、时间过长，可能造成布丁表面颜色较深，甚至烤焦，内部夹生等。

布丁制作中容易出现的问题及解决办法

1.体积不饱满

鸡蛋不新鲜，装模量少，成熟温度不合适等会导致制品体积不饱满。

解决办法：选择新鲜原料，装模以八分满为宜，要用水浴法烘烤，或用中火蒸制，并且成熟时间要恰当。

2.表面不光滑

原料混合不均匀，布丁液没有过滤，成熟时间过长，火力太强等会导致制品表面不光滑。

解决办法：根据原料属性进行加工，原料混合要均匀并且要过筛，成熟时间不宜过长并且要采用中火。

实训案例二　闪电泡芙

闪电泡芙是一种形似手指的奶油面包，口感细腻润滑。据说吃过它的人都会以闪电般的速度吃掉它，闪电泡芙由此得名。

一、实训目标

（1）掌握泡芙糊的调制方法。

（2）掌握闪电泡芙皮的挤注方法。

（3）掌握闪电泡芙的填馅技法。

二、实训准备

原料	中筋面粉138克，黄油110克，水125克，白砂糖5克，食盐6克，鸡蛋280克，牛奶125克等
工具	烤箱、烤盘、裱花袋等

三、实训步骤

（1）泡芙糊调制方法同“奶油泡芙”，调制好的泡芙糊要冷藏4小时或者隔夜后再使用。

（2）将泡芙糊从冷藏室取出，装入放有裱花嘴的裱花袋中，挤成约11厘米的长条，立即放入冰箱里冷冻，即成闪电泡芙皮生坯。

（3）将冻硬的闪电泡芙皮生坯表面刷上一层熔化的黄油，放入上火170摄氏度、下火160摄氏度的烤箱内烘烤约40分钟，直到表面呈棕黄色即可出炉。

（4）闪电泡芙皮完全冷却后，从底部扎几个小孔，注入馅料，表面装饰一下即可。

闪电泡芙制作关键工艺流程如图8–14所示。

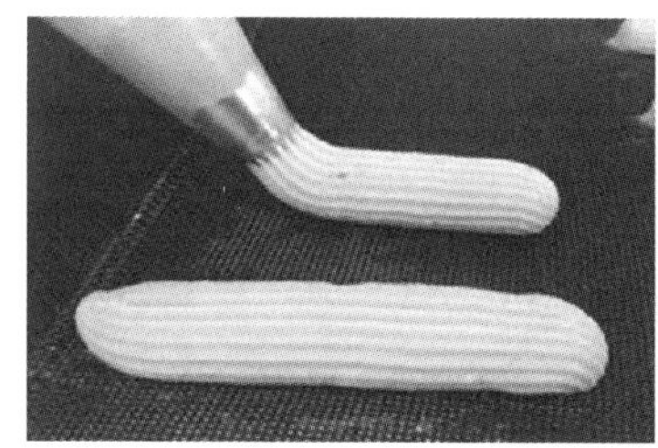
（1）挤注成形

（2）烘烤

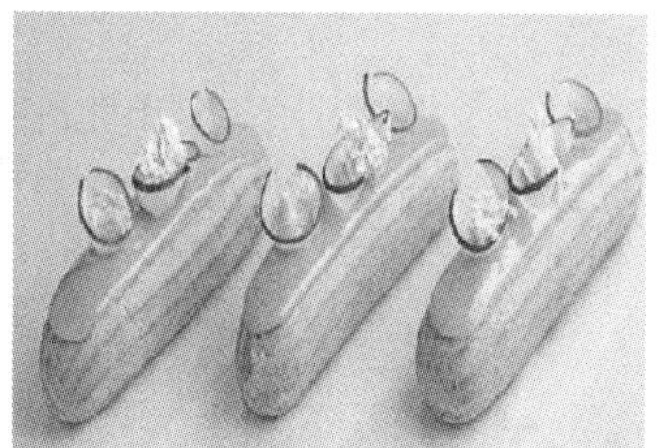
（3）成品（彩图64）

图8–14　闪电泡芙制作关键工艺流程

四、技术关键

（1）面糊要冷藏后再用。

（2）冻硬的闪电泡芙皮生坯要刷黄油后再烤，以防开裂。

（3）掌握好烘烤时间及温度。

（4）填注的馅料不宜过多。

五、成品特点

膨胀饱满，香甜细腻，大小均匀。

六、考核要点及评分标准

考核内容：闪电泡芙		
考核时间：60分钟	制品规格：皮30克，馅15克	
考核数量：5个/人	考核形式：小组操作	
考核要点	配分（分）	得分（分）
面糊稠度适当	20	
形态端正、规格一致	25	
内部组织松软，不夹生	25	
烘烤火候恰当，色泽均匀	30	
合计	100	

实训案例三　清酥蛋挞

蛋挞，别称蛋塔，即以酥皮盛装蛋浆，经烘烤制成的制品。蛋挞外层为酥脆的挞皮，内层则为香甜细腻的蛋浆，备受人们喜爱。

一、实训目标

（1）掌握清酥面团的调制方法。

（2）掌握蛋挞汁的配方。

（3）掌握蛋挞的烘烤方法。

二、实训准备

原料	皮料：低筋面粉440克，高筋面粉60克，黄油80克，糖粉10克，食盐3克，清水250克，起酥油360克。 挞汁：纯牛奶500克，淡奶油500克，蛋黄200克，白砂糖150克
工具	烤箱、烤盘等

三、实训步骤

（1）将低筋面粉、高筋面粉、黄油、糖粉、食盐用清水调成面团，盖上保鲜膜放入冰箱冷藏约30分钟；起酥油整理成长方片。

（2）取出面团擀成长方片，要求长方片的长度是起酥油的两倍，宽度略宽于起酥油，然后包住起酥油，擀成长方片，采用三、四、三折叠法进行开酥，开酥后放入冰箱冷藏约30分钟。

（3）取出冷藏好的面团擀成长方片，卷筒，放入冰箱冷冻40～60分钟。

（4）将冷冻好的面团取出，切成0.5厘米左右厚的片，擀薄，捏入挞壳即成挞皮。

（5）将淡奶油与纯牛奶混合后加入白砂糖，搅拌至白砂糖溶解，加入蛋黄搅拌均匀，过筛即成挞汁。

（6）将挞汁分别装入蛋挞皮中，八分满为宜，即成清酥蛋挞生坯。

（7）将清酥蛋挞生坯放入上火220摄氏度、下火210摄氏度的烤箱中烘烤约22分钟即可。

清酥蛋挞制作关键工艺流程如图8–15所示。

（1）包油　（2）折叠　（3）卷筒

（4）切剂　（5）擀皮　（6）捏皮

（7）调挞汁　（8）装挞汁　（9）成品（彩图65）

图8–15　清酥蛋挞制作关键工艺流程

四、技术关键

（1）面与起酥油的软硬度要一致。
（2）开酥方法要正确。
（3）掌握好蛋挞皮的冷冻时间。
（4）掌握好烘烤的温度及时间。

五、成品特点

层次分明，口感酥脆，细腻嫩滑，奶香浓郁。

六、考核要点及评分标准

考核内容：清酥蛋挞		
考核时间：120分钟	制品规格：皮30克，汁25克	
考核数量：4个/人	考核形式：小组操作	
考核要点	配分（分）	得分（分）
开酥手法正确、焖熟	30	
挞汁配方准确	15	
层次分明，细腻嫩滑	25	
烘烤方法、时间准确	30	
合计	100	

实训案例四　培根比萨

比萨是西式面点中的一种饼类，由皮料和馅料两部分组成。芝士是比萨制作的主要原料之一。根据用料、口味、特色的不同，比萨有不同的种类，如水果比萨、薄脆型比萨等。

一、实训目标

（1）了解比萨的制作方法。
（2）掌握比萨面坯的醒发方法。
（3）掌握比萨馅料的用量。

二、实训准备

原料	皮料：面包粉1千克，白砂糖120克，清水560克，酵母10克，食盐20克，黄油80克，奶粉、鸡蛋各适量。 馅料：比萨酱30克，芝士碎150克，培根3条，青椒25克，红椒25克，洋葱20克，玉米粒、黑胡椒碎适量
工具	比萨盘、擀面杖、烤箱等

三、实训步骤

（1）将培根切成长方片，青椒、红椒、洋葱切成方丁备用。

（2）将面包粉、白砂糖、酵母、奶粉拌匀，加入鸡蛋和清水后，先低速搅拌3分钟再快速搅拌4分钟，然后加入食盐和黄油，先低速搅拌3分钟再快速搅拌3分钟，至面筋网络形成后取出。

（3）将打好的面坯揉圆后用保鲜膜盖好，放入醒发箱（温度35摄氏度，湿度75%）醒发约50分钟。

（4）将面团取出分成120克/个，搓成光滑的圆形，放置（室温22摄氏度左右）松弛30分钟左右。

（5）将面团用擀成圆饼，放到比萨盘里，用竹签在饼皮上扎上孔洞，放在室温环境中醒发约20分钟。

（6）将饼面上刷一层比萨酱，撒上一层芝士碎，放上培根片、青椒丁、红椒丁、洋葱丁、玉米粒，撒上黑胡椒碎，再撒上一层芝士碎，即成培根比萨生坯。

（7）将培根比萨生坯放入上火220摄氏度、下火200摄氏度的烤箱里烘烤约20分钟即可。

培根比萨制作关键工艺流程如图8-16所示。

（1）调制面团　（2）醒面　（3）分坯

（4）制作饼底　（5）放馅　（6）成品（彩图66）

图8-16　培根比萨制作关键工艺流程

四、技术关键

（1）掌握好面团的醒发时间。

（2）掌握好皮、馅的比例。

（3）掌握好烘烤的温度和时间。

五、成品特点

咸香适口。

六、考核要点及评分标准

<table>
<tr><td colspan="3">考核内容：培根比萨</td></tr>
<tr><td>考核时间：150分钟</td><td colspan="2">制品规格：9寸/个</td></tr>
<tr><td>考核数量：1个/人</td><td colspan="2">考核形式：小组操作</td></tr>
<tr><td>考核要点</td><td>配分（分）</td><td>得分（分）</td></tr>
<tr><td>饼坯醒发适度</td><td>30</td><td></td></tr>
<tr><td>皮、馅比例合适</td><td>25</td><td></td></tr>
<tr><td>操作手法娴熟，干净利落</td><td>20</td><td></td></tr>
<tr><td>烘烤方法、时间准确</td><td>25</td><td></td></tr>
<tr><td>合计</td><td>100</td><td></td></tr>
</table>

比萨典故

“比萨”原是一种由饼底、乳酪、酱汁和馅料做成的具有意大利风味食品，但这种食品已经超越语言与文化的壁障，受到全球各国消费者的喜爱。比萨究竟源于何时、何地，现在无从考究。有人认为，比萨来源于中国。当年意大利著名旅行家马可·波罗在中国旅行时最喜欢吃一种北方流行的葱油馅饼，回到意大利后他一直想再次品尝这种美味，但不会制作。一个星期天，他同朋友们在家中聚会，其中一位是来自那不勒斯的厨师，马可·波罗灵机一动，把那位厨师朋友叫到身边，如此这般地描绘起中国北方的葱油馅饼。

那位厨师也兴致勃勃地按照马可·波罗所描绘的方法制作起来，但忙了半天，仍无法将馅料放入面团中，此时大家已饥肠辘辘。于是马可·波罗提议就将馅料放在面饼上吃。大家吃过后纷纷叫好。这位厨师回到那不勒斯后又做了几次，并配上了那不勒斯的乳酪和佐料，不料大受食客欢迎，从此“比萨”就流传开了。

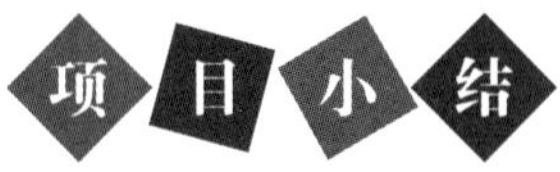

本项目分为饼干制品、蛋糕制品、面包制品、其他制品4个学习任务，共16个实训案例。通过学习，学生可以掌握这四类制品的制作过程、技术关键、成品特点及考核标准，为以后的拓展学习奠定基础。

一、选择题

1. 制作黄油曲奇饼干应使用（　　）。

A. 高筋面粉　　B. 中筋面粉　　C. 低筋面粉　　D. 熟粉

2. 花生曲奇干采用的是（　　）成形方法。

A. 冷冻、切割法　　B. 挤注法　　C. 压花法　　D. 镶嵌法

3. 蔓越莓饼干成形时需要切为约（　　）的厚度。

A.1厘米　　B.0.8厘米　　C.0.6厘米　　D.0.4厘米

4. 戚风蛋糕的烘烤温度是（　　）。

A.170摄氏度/160摄氏度　　B.180摄氏度/170摄氏度

C.190摄氏度/180摄氏度　　D.190摄氏度/200摄氏度

5. 轻乳酪蛋糕采用（　　）成熟。

A. 蒸制法　　B. 烘烤法　　C. 水浴法　　D. 油炸法

6. 烘烤甜圆面包的温度一般控制在（　　）。

A. 170摄氏度/160摄氏度　　B. 190摄氏度/170摄氏度

C. 210摄氏度/190摄氏度　　D. 230摄氏度/220摄氏度

7. 焦糖布丁的焦糖要熬到（　　）。

A. 琥珀色　　B. 浅黄色　　C. 金黄色　　D. 黑色

8. 制作挞汁的主要原料是鸡蛋、牛奶、白砂糖和（　　）。

A. 黄油　　B. 炼乳　　C. 椰浆　　D. 淡奶油

二、判断题（正确的打“√”，错误的打“×”）

1. 烘烤黄油曲奇饼干的温度是上火190摄氏度、下火210摄氏度。（　　）
2. 玛格丽特饼干发源于意大利。（　　）
3. 蔓越莓饼干采用挤注法成形。（　　）
4. 戚风蛋糕糊采用的是分蛋法，这样制品才更暄软。（　　）
5. 蛋糕在烘焙过程中一般经历胀发、定型、上色、熟化4个阶段。（　　）
6. 面团搅拌不足时，面筋扩展不充分，面团不具备良好的伸展性和弹性。（　　）
7. 油炸甜甜圈的温度控制在210摄氏度左右。（　　）
8. 牛角包是一款起酥面包，面团经过冷冻（冷藏）后制作的制品效果会更好。（　　）

项目九　宴席面点的配备与美化

学　习　目　标

- **方法能力目标**

  掌握宴席面点的配备与美化工艺的基本知识。

- **专业能力目标**

  掌握宴席面点的配备与美化技能。

- **社会能力目标**

  完成宴席面点的配备与美化，与时俱进，推动宴席面点及其配备的发展与创新。

项　目　导　读

宴席是人们为了一定的社交目的而形成的一种聚餐形式，具有目的性、整体性、规格性等特点。宴席面点是指可与菜肴组合形成具有一定规格、质量的一整套菜点，也可单独形成具有特色的全席面点。不论是宴席面点还是全席面点，都应具有选料精细、造型讲究、制作精美、口味多变等特点，应在色、香、味、形、质、器等方面与宴席的总体要求一致。

任务一　宴席面点的配备要求

- 了解宴席面点。
- 掌握宴席面点的配备要求。

宴席面点是经过精选而与宴席菜肴有机组合起来的面点。在配备过程中，要注意各类面点的协调性，每一道面点都要从整体着眼，从数量、质量以及口味、形态、色泽等方面精心组合，使其表现出宴席的最佳效果。在配备设计中，要根据宴席的主题、规格、季节的变化、顾客的要求、原料的选用等特点来制定面点的品种。

一、根据宴席的规格配备

宴席的规格档次是由宴席的价格决定的，而价格又决定了宴席菜点的数量和质量。在组合宴席面点时，应注意配置的面点在整个宴席成本中的比重，以保持整个宴席中菜肴与面点的数量、质量的均衡。宴席面点成本一般占宴席总成本的5%～10%，但也可以根据各地习惯及实际要求进行调整。宴席面点的格局组合如表9–1所示。

表9–1　宴席面点格局组合

宴席档次	款数	款式（口味）
一般宴席	二道	一甜一咸
中档宴席	四道	二甜二咸
高档宴席	六道	二甜四咸

在确定具体品种时，要根据宴席档次的高低，在保证面点有足够数量的前提下，从选料、工艺制作上调整面点的质量。例如，宴席规格高时，面点的选料应尽量选用档次较高的原料，制作工艺应尽量体现特色；宴席档次较低时，面点的选料要适合成本要求，工艺上也可相应简单些。

二、根据季节变化配备

季节不同，原料的市场供应情况也有所不同，因此宴席面点的品种应随着季节的变化而变化。根据人们的饮食习惯，一般有“春辛、夏凉、秋爽、冬浓”的特点。因此，宴席面点的口味上应尽量突出季节特点。

制作者在原料选择、制作工艺等方面应多加考虑，如春季可选用三丝春饼、艾叶糍粑、鲜笋弯梳饺、翡翠烧卖、春笋野鸭包等，成熟方法以蒸、煮为主；夏季宜多用清凉解暑、吃水量大的原料制作面点，如生磨马蹄糕、芙蓉水晶饼、冰皮白莲糕、杏仁豆腐等，成熟方法以蒸、煮为主；秋季则可选用栗蓉糕、豌豆黄、南瓜饼、蜂巢荔芋角、三鲜汤包等，成熟方法以蒸、煮、炸为主；冬季则可以选用味道浓郁的品种，如腊味萝卜糕、八宝饭、枣泥金丝酥、双色奶油戟、京都煎锅贴等，成熟方法以煎、炸、烤为主。

三、根据顾客的要求和宴席主题配备

宴席是因社交目的而设置的，因此顾客的要求和意图是配置面点不可忽视的重要依据，应根据宾客的国籍、民族、宗教、职业和个人的饮食喜好以及宾客定席的目的等配备面点品种。

红白事应按民俗礼仪选配面点。红事可以选配制品名称喜庆、色泽艳丽的品种，使之与客人的心境相一致。生日祝寿可以配置象征长寿的面点品种，如寿桃酥、仙酥包、寿糕、寿面等，高级宴席还可精心制作百寿图等工艺性强的面点。

宾朋聚会或洽谈商务等，应以口味为主，尽量配置本地名点或用当季原料制作的面点，以突出地方风味特色。

四、突出地方特色

在配置各种档次的宴席面点时，首先要利用本地的特产、风味名点、本店的招牌面点以及各个面点师的“拿手”面点，发挥优势，突出地方特色。其次是根据地方食俗，采用本地原料和时令原料，运用独特的制作工艺，显示浓郁的地方特色，使整个宴席内容丰富且独具匠心。如广东地区可多选用虾饺、粉果、萝卜糕、咸水饺、蜂巢荔芋角等，江浙地区可多选用翡翠烧卖、扬州三丁包、淮安汤包、苏州各式酥点等，北京地区可多选用一品烧饼、“都一处”烧卖、清宫仿膳豌豆黄、芸豆卷等。这些都具有鲜明的地方特色。

任务二　宴席面点的美化工艺

- 掌握面点的造型方法。
- 能够灵活运用围边装饰方法。

宴席面点不仅要求口味可口宜人，还要求能以精美的工艺给人以美的享受，从而衬托出宴席的主题气氛，并与宴席的其他内容配合，达到最佳效果。为了实现此要求，必须对宴席面点进行美化，即根据宴席面点涉及的原料、刀工、火候、造型、装盘以及命名等多方面因素，进行再设计、再创造，提高面点的造型美、色彩美、情趣美。

宴席面点在美化过程中，一定要根据宴席的总体要求，注意质量和卫生，以食用为主、美化为辅，切不可本末倒置、华而不实，背离了食品造型艺术的基本原则。

宴席面点的美化工艺包括面点造型和围边装饰两个方面。

一、面点造型

面点造型是指运用不同的成形手法塑造面点的形象。宴席面点在造型上一要美观，二要灵巧，三要多变。

我国面点的造型种类繁多，不同地区有不同的造型手法。从造型的外观形态划分，大致有几何形态、自然形态、象形形态3种。

（一）几何形态

几何形态是通过模具或刀工的作用使面点形成规矩的形态。几何形态是面点造型的基础，在实际工作中应用最广，它具有整齐、规范、便于批量生产的特点。几何形态又可分为单体几何形态和组合几何形态。单体几何形态，如面点单体形成的正方形、长方形、圆形等，千层油糕、芸豆卷、八宝饭等均为单体几何形态。组合几何图形由多种单体几何形态组合而成，如千层宝塔酥、立体裱花蛋糕。

（二）自然形态

面点的自然形态主要利用面皮在成熟过程中产生的气体或糖、油等辅料的作用形成，如蜂巢荔芋角、蚝油叉烧包等。

（三）象形形态

象形形态是通过手工包捏等成形手法模仿动植物的外形来造型，使制品具有动植物的形状，如佛手酥、荷花酥、象形玉兔等。

面点象形造型是我国面点制作技术中重要的成形手法之一，历史悠久、内容丰富。掌握象形造型需要制作者有扎实的基本功及审美观。制品既要有逼真的效果，又要有进一步的艺术创造，才能达到情、意、趣、形的统一。

宴席面点不论采用何种造型，都要求美观精致、富有特色，而且要求面点的分量、大小一致。宴席面点一般每个重20～30克，以一两口能吃完为宜。

二、围边装饰

围边装饰是选用色泽鲜明、便于塑形的可食性原料，根据面点的特色、创意，在碟边或碟中进行的装饰点缀。每一道面点都应色、香、味、形、质俱佳，如果在装盘时进行一些辅助性美化工艺，会使面点增色不少。用于围边点缀的原料有许多种。常用的围边装饰方法有：澄面捏花、糖粉捏花、吹花、印花、酥点造型等，最常用的是澄面捏花和用时令鲜果装饰。

围边装饰要求主题与装饰点缀协调一致，做到色调清新、情趣高雅、简洁大方，不可喧宾夺主、过多过杂。面点的质量、品位主要是靠面点本身来体现的，要避免本末倒置，不可过分凸出围边点缀而忽视面点本身的质量。围边点缀时还要注意面点的质地与围边装饰材料的协调性，如烤点、炸点不宜直接置于琼脂冻上，否则面点易吸收琼脂冻的水分而回软；蒸点不宜采用酥炸的材料装饰，否则酥炸材料会吸收蒸点的水分而回软变形。白鹅戏水、梅花马蹄糕、绿茵白兔等是比较有创意的围边装饰。

围边装饰还必须注意卫生，避免使用人造色素，应充分利用装饰材料的自然色进行搭配。事先准备的琼脂冻、糖粉花应用保鲜膜密封；澄面捏花做好后应用蒸汽做短时间加热，并刷上色拉油或稀明胶水，以防干裂。

项目小结

本项目介绍了宴席面点的配备要求，强调了宴席面点的配备要求在色、香、味、形、质、器上与宴席总体要求相一致。宴席面点不仅在制作上要求较高，而且在面点的装饰点缀上要美观、协调。

项目测试

微信扫码 在线刷题

一、选择题

1. 宴席的规格档次是由宴席的（　　）决定的。

A. 人数　　B. 价格　　C. 菜肴　　D. 点心

2. 宴席面点成本一般占宴席总成本的（　　）。

A.5% ~10%　　B.15% ~20%　　C.25% ~30%　　D.35% ~40%

3. 一般宴席配（　　）面点。

A. 一道　　B. 二道　　C. 三道　　D. 四道

4. 中档宴席配（　　）甜口面点。

A. 一道　　B. 二道　　C. 三道　　D. 四道

5.（　　）属于几何造型。

A. 八宝饭　　B. 象形菠萝　　C. 佛手酥　　D. 蜂巢荔芋角

二、判断题（正确的打“√”，错误的打“×”）

1. 价格决定了宴席面点的数量和质量。（　　）
2. 高档宴席配一道面点。（　　）
3. 宴席面点的口味应根据季节的变化而变化。（　　）
4. 在小孩生日时可配备面点品种有寿桃酥、仙酥包、寿糕、寿面等。（　　）
5. 配备宴席面点要突出地方特色。（　　）
6. 宴席面点在造型上一要美观，二要灵巧，三要多变。（　　）
7. 荷花酥属于几何造型。（　　）
8. 围边为了美观，可以使用人工色素。（　　）

参考文献

[1] 边兴华. 西式面点师（初级）[M]. 北京：中国劳动社会保障出版社，2005.

[2] 樊建国. 中式面点制作 [M]. 3版. 北京：高等教育出版社，2022.

[3] 李文卿. 面点工艺学 [M]. 北京：中国轻工业出版社，1999.

[4] 吉林省饮食服务公司. 吉林面点谱 [M]. 吉林：吉林人民出版社，1981.

[5] 唐美雯，林小岗. 中式面点技艺 [M]. 北京：高等教育出版社，2002.

[6] 肖志刚，吴非. 食品焙烤原理及技术 [M]. 北京：化学工业出版社，2008.

[7] 王成贵. 西餐面点基础 [M]. 长春：东北师范大学出版社，2015.

[8] 王美萍. 西式面点工艺 [M]. 北京：中国劳动社会保障出版社，2005.

[9] 张丽. 中式面点[M]. 北京：科学出版社，2012.

面点达人进阶训练营

微信扫码 马上入营

电子图书

随时随地查看书籍内容
学习面点制作

教学课件

系统梳理知识点，
方便复习重难点。

项目测试

同步测试，检测学习成果，
及时查漏补缺。

视频课程 看视频学技巧，轻松变身面点达人。

面点展示 秀出你的作品，交流制作心得。